人工智能开发丛书

数据挖掘与机器学习：
PMML建模
（下）

潘风文　黄春芳　著

化学工业出版社
·北京·

内容提要

本书详细描述了PMML规范（Ver4.3）所支持的8种模型：神经网络模型、决策树模型、规则集模型、序列模型、评分卡模型、支持向量机模型、时间序列模型和聚合模型。全书不是简单地介绍PMML语法，而是融合各种挖掘模型基础知识和算法知识，告诉开发者如何融会贯通地掌握、使用PMML语言，不仅能够学习到标准的PMML模型表达方式，而且能学习机器学习模型的丰富知识，从而熟练地把PMML语言应用到自己的项目实践中。

本书可供从事数据挖掘（机器学习）、人工智能系统开发的软件开发者和爱好者学习使用，也可以作为高等院校大数据和人工智能等相关专业的教材。

图书在版编目（CIP）数据

数据挖掘与机器学习：PMML建模．下/潘风文，黄春芳著．
—北京：化学工业出版社，2020.7
（人工智能开发丛书）
ISBN 978-7-122-36987-1

Ⅰ．①数… Ⅱ．①潘…②黄… Ⅲ．①数据采集②机器学习
Ⅳ．①TP274②TP181

中国版本图书馆CIP数据核字（2020）第081883号

责任编辑：潘新文　　　　　　　　　　　　装帧设计：韩　飞
责任校对：张雨彤

出版发行：化学工业出版社（北京市东城区青年湖南街13号　邮政编码100011）
印　　装：北京缤索印刷有限公司
787mm×1092mm　1/16　印张 14$\frac{3}{4}$　字数329千字　2020年9月北京第1版第1次印刷

购书咨询：010-64518888　　　　　　　　　售后服务：010-64518899
网　　址：http://www.cip.com.cn
凡购买本书，如有缺损质量问题，本社销售中心负责调换。

定　价：99.00元　　　　　　　　　　　　　　　　　　版权所有　违者必究

前言

1997年，芝加哥伊利诺伊大学的Robert Lee Grossman博士发起设计了数据挖掘模型的开放标准语言PMML（Predictive Model Markup Language），即预测模型标记语言，它是一种基于XML规范的开放式挖掘模型表达语言，为不同的挖掘系统提供了定义和应用数据挖掘模型的方法，为模型跨平台应用提供了标准的解决方案。通过采用PMML规范，开发者和使用者可在一个软件系统中创建预测模型，以符合PMML标准的文档对其进行表达，然后将其传递到另外一个系统中，并在该系统中对新数据进行预测，从而实现预测模型的跨语言、跨平台应用的可移植性。作为事实上的表达预测模型的标准，目前PMML已经得到IBM、SAS、NCR、FICO、NIST、Tibco等顶级商业公司的支持，也得到大量开源挖掘系统，如Weka、Tanagra、RapidMiner、KNIME、Orange、GGobi、JHepWork等的支持，其影响力越来越大，并且已经成为W3C的标准。

在上册中，我们讲述了PMML规范（Ver4.3）所支持的关联规则模型、朴素贝叶斯模型、贝叶斯网络模型、基线模型、聚类模型、通用回归模型、回归模型、高斯过程模型以及KNN最近邻模型等9种模型。在本书中，我们详细描述PMML规范（Ver4.3）所支持的其他8种模型，包括神经网络模型、决策树模型、规则集模型、序列模型、评分卡模型、支持向量机模型、时间序列模型和聚合模型，其中聚合模型支持在一个PMML文档中有机整合多个不同的模型，从而实现模型间的协同功能。

为了能够帮助读者充分掌握PMML规范对各种模型的表达知识，本书每一章对一个模型进行完整、详细的描述，清晰说明PMML规范中挖掘模型的基本原理，使得读者对模型的基础知识、算法有一个清晰、完整的把握。书中每个模型都辅以详实的例子，使读者融会贯通，灵活应用。本书不是一本简单地介绍PMML语法的书籍，而是一本融合各种挖掘模型基础知识和算法知识，告诉读者如何融会贯通地掌握、使用PMML语言的实践性图书。通过学习本书，读者不仅能够学习到标准的PMML模型表达方式，也能够学习或重温机器学习模型的丰富知识，熟练地把PMML语言应用到自己的项目实践中。

本书共8章，其中第2章、第3章和第5章由北京中医药大学生命科学学院黄春芳副教授编写。其余章节由潘风文编写。潘启儒协助完成资料整理工作，在此表示衷心感谢。

如果读者在阅读本书中有什么问题和需要，可直接联系作者。QQ：420165499。欢迎一起探讨。

本书非常适合有志于数据挖掘（机器学习）、人工智能系统的开发者和使用者学习，也可以作为大数据及人工智能等相关专业的教材。

潘风文
2020.3

目录

1 神经网络模型（NeuralNetwork） 1

1.1 神经网络模型基础知识 2
1.2 神经网络模型算法简介 5
1.3 神经网络模型元素 9
1.3.1 模型属性 10
1.3.2 模型子元素 14
1.3.3 评分应用过程 28

2 决策树模型（TreeModel） 29

2.1 决策树模型基础知识 30
2.1.1 决策树模型简介 30
2.1.2 逻辑谓词表达式 31
2.2 决策树模型算法简介 33
2.2.1 卡方自动交互检验算法（CHAID） 33
2.2.2 迭代二叉树ID3 42
2.2.3 分类器C4.5和C5.0 47
2.2.4 分类与回归树算法CART 53
2.3 决策树模型元素 54
2.3.1 模型属性 56
2.3.2 模型子元素 59
2.3.3 评分应用过程 68

3 规则集模型（RuleSetModel） 79

3.1 规则集模型基础知识 80
3.2 规则集模型元素 80
3.2.1 模型属性 81
3.2.2 模型子元素 81
3.2.3 评分应用过程 89

4 序列模型（SequenceModel） 93

4.1 序列模型基础知识 94
4.2 序列模型算法简介 97
4.2.1 GSP算法 97
4.2.2 SPADE算法 101
4.2.3 PrefixSpan算法 103
4.3 序列模型元素 104
4.3.1 模型属性 106
4.3.2 模型子元素 107
4.3.3 评分应用过程 118

5 评分卡模型（Scorecard） 119

5.1 评分卡模型基础知识 120
5.2 评分卡模型算法简介 121
5.3 评分卡模型元素 131
5.3.1 模型属性 132
5.3.2 模型子元素 134
5.3.3 评分应用过程 143

6 支持向量机模型（SupportVectorMachineModel） 145

6.1 支持向量机模型基础知识 …………………… 146
6.2 支持向量机模型算法简介 …………………… 148
6.3 支持向量机模型元素 ………………………… 152
    6.3.1 模型属性 ……………………………… 154
    6.3.2 模型子元素 …………………………… 155
    6.3.3 评分应用过程 ………………………… 164

7 时间序列模型（TimeSeriesModel） 167

7.1 时间序列模型基础知识 ……………………… 168
7.2 时间序列模型算法简介 ……………………… 171
    7.2.1 算法概述 ……………………………… 172
    7.2.2 指数平滑算法 ………………………… 173
7.3 时间序列模型元素 …………………………… 176
    7.3.1 模型属性 ……………………………… 177
    7.3.2 模型子元素 …………………………… 178
    7.3.3 评分应用过程 ………………………… 192

8 聚合模型（MiningModel） 195

8.1 模型聚合基础知识 …………………………… 196
8.2 挖掘模型MiningModel ……………………… 197

附录 225

后记 227

1 神经网络模型（NeuralNetwork）

1.1 神经网络模型基础知识

生物神经元（neuron）是神经网络模型的灵感来源。神经网络模型也称为人工神经网络模型（ANN, Artificial Neural Network model），是一种模拟生物神经系统的行为特征，进而实现分布式并行信息处理的算法，既可以用来分类，也可以进行回归预测，具有很强的鲁棒性（健壮性）、记忆能力和自学习能力。

生物神经元也称为神经细胞，是组成神经系统的基本结构和功能单位，由细胞体、树突和轴突组成，其中树突是神经元从其他细胞接收输入信号（信息）的单元，细胞体是处理输入信号的单元，轴突是输出信号处理结果的单元。神经元之间通过树突和轴突相互关联，具有感受刺激、传导兴奋的功能，而这一点也正是人工神经网络模型中的"神经元"所模拟的功能，即接收数据、处理数据、把处理结果输出到下一个"神经元"。图 1-1 为生物神经元的示意图。

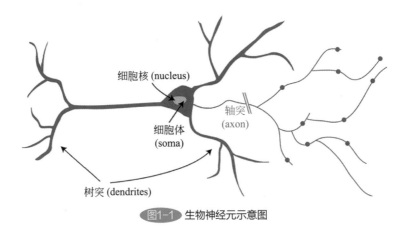

图1-1 生物神经元示意图

人工神经网络模型 ANN 是一种由多个层次的大量而简单的"神经元"节点组成的网络系统，它包括输入层、隐含层和输出层，每层包含若干个互不连接的神经元，相邻层之间的神经元通过不同的权重（连接强度）进行连接。其中隐含层也称为隐藏层或中间层，可以是 0 层、1 层或多层。在某些简单问题中，隐含层的层数可能为 0，仅有输入层和输出层，而在某些复杂问题中，隐含层的层数也可能成百上千。例如图 1-2 是一个包含两层隐含层的神经网络模型的示意图。模型的输出可能不止一个值，即输出层可以有多个节点，图中每个节点代表一个神经元。

在神经网络模型中，每个"神经元"代表着模型的一个计算单元，它是基于生物神经元抽象出来的数学模型，也称为感知器（Perceptron）。它可以接收多个输入变量，经过特定的处理后，产生一个输出，如图 1-3 所示。在一个神经网络模型中，相邻层上的神经元（也称为节点）互相连接，每条连接都有一个权重，权重值代表了不同输入对神经元的影响程度。在图 1-3 中，一个神经元接收的输入为 $x_1, x_2, \cdots, x_n$，相应的连接权重为 $w_1, w_2, \cdots, w_n$。图中 b 为偏置项，偏置项可增加模型的灵活性，f 为激活函数。

1 神经网络模型（NeuralNetwork）

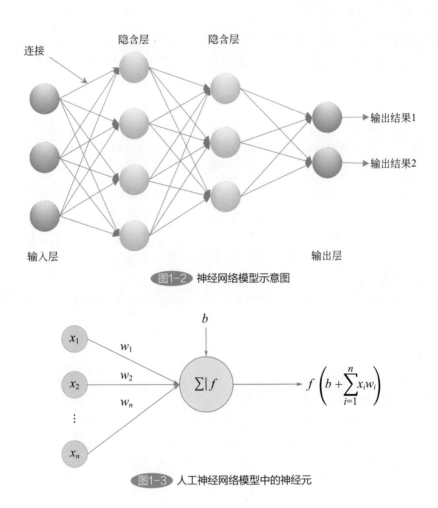

图1-2 神经网络模型示意图

图1-3 人工神经网络模型中的神经元

一个神经元的工作可以分成三步：首先，对所有输入求权重和，称为净输入 net；然后，利用激活函数对净输入进行变换运算，生成中间值 u；最后，对激活函数值进行归一化处理，输出结果 Output。具体如下：

第一步，计算净输入 net，通常为所有输入的权重的和：

$$net = x_1w_1 + x_2w_2 + \cdots + x_nw_n + b$$

第二步，激活函数把净输入 net 作为输入，根据自己的计算规则进行转换，生成中间值 u：

$$u = f(net)$$

第三步，通过 softmax 或 simplemax 等归一化方法对中间结果 u 进行归一化处理，作为神经元的输出 Output。不过，在实际使用模型中，第二步和第三步往往会合二为一。

激活函数 f 的输入是一个所有输入变量的权重和（再加上一个偏置项），其输出结果决定了一个神经元是否可以被"触发"。通过对神经元输出结果进行归一化（规范化）处理，可以有效地防止由于级联效应，输出结果有可能变得不可控的问题。

作为一个神经元的决策中心，激活函数的引入使输入变量与响应变量之间具有了复杂的非线性映射关系，使得神经网络模型具有非线性特性。由于其主要工作是将神经元的输入转换为输出结果，并把输出结果传递给下一层神经元，所以，激活函数也称为传递函数（Transfer Function），它可以是一个线性函数，也可以是一个非线性函数，如S形函数（sigmoid函数）。我们将在下节进行较为详细的描述。

在一个神经网络模型中，如果输出层的预测结果与预期的输出结果差别较大，则通过调整（更新）神经元之间的连接权重，重新计算，并且这个过程会一直迭代进行，直到获得一个满意的结果。

自从神经生理学家Warren McCulloch教授和数学家Walter Pitts教授于1943年在论文"A logical calculus of the ideas immanent in nervous activity"中提出了神经网络的数学模型MCP之后，神经网络模型已经发展成为一个多学科交叉融合的研究领域，成为实现深度学习的重要手段，已经在分类、预测、图像识别、语音识别、物体识别等各种场景上取得了巨大的成功。

下面按照时间顺序，以重大事件的形式列举神经网络模型的发展简史（来自Kate Strachnyi的文章"Brief History of Neural Networks"，这里稍微有所修改）。

> 1943年

Warren McCulloch和Walter Pitts共同发表一篇论文，探讨神经元的工作机理。在论文中，两位作者将神经网络模拟成电路模型。

> 1949年

Donald Hebb在他的《行为的组织》书中，强化了神经元的概念。Donald Hebb在书中指出神经元之间的连接会因为每次信息传输的使用而变得更强。

> 1950年

来自IBM研究院的Nathanial Rochester第一次在实验室尝试模拟神经网络。

> 1956年

达特茅斯的暑假人工智能研讨会大力推动了人工智能与神经网络的发展。会议的召集者麦卡锡（John McCarthy）后来被称为"人工智能之父"。

> 1957年

Johnvon Neumann建议可以用真空管或电报继电器来模拟简单的神经元方程。

> 1958年

Frank Rosenblatt开始对感知机（perceptron）进行研究与探索。感知机是当今仍然还在使用的最古老的神经网络。

> 1959年

来自斯坦福大学的Bernard Widrow和Marcian Hoff共同建立了ADALINE和MADALINE模型，它们是用来解决实际问题的第一个神经网络模型。

> 1969年

Marvin Minsky与Seymour Papert在他们的书*Perceptrons*中证明了感知机的局限性。

> 1981年

由于对神经网络过于乐观，以至于在认识、应用和实现方面遇到困难和迷惑，神经网络相关研究陷于停滞状态。
➤ 1982年

John Hopfield向美国国家科学院提交了一份报告，在报告中，Hopfield提出一种单层反馈神经网络。同年，美日联合举办合作/竞争神经网络会议，日本宣布启动对神经网络研究的第五代计划，美国因担心在此领域落后于日本，重新资助神经网络的研究。

➤ 1985年

美国物理协会举办了Neural Networks for Computing会议，之后成为一年一度的会议。

➤ 1997年

Schmidhuber和Hochreiter共同提出了LSTM网络，LSTM是RNN（循环神经网络）网络的一种实现框架。

➤ 1998年

Yann LeCun发表了题为"Gradient-Based Learning Applied to Document Recognition"重要论文。

➤ 现在（2020年）

关于神经网络的研究和应用已经遍地开花，包括TensorFlow、Pytorch、Theano、Keras等平台相继出现。

1.2 神经网络模型算法简介

在图1-3中，偏置项的存在增加了神经网络模型的灵活性。实际上，我们可以把偏置项b看作是一个值恒等于1、连接权重为b的输入变量（输入神经元），如图1-4所示。

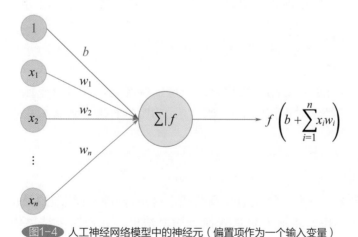

图1-4 人工神经网络模型中的神经元（偏置项作为一个输入变量）

经过这样的处理，我们就可以对神经网络模型进行统一处理。目前神经网络已经成为人工智能技术研究中最热门的领域，这方面的资料非常多，所以本章不对神经网络做深入的探讨，感兴趣的读者可以自行查找相关的资料。但为了使读者更好地理解和把握本章后面的内容，这里我们介绍一下神经网络模型中的几个必须要了解的概念，包括输入层、隐含层、输出层、连接和权重、激活函数以及学习规则。

（1）输入层

输入层是输入神经元（输入节点）的集合，代表了外部环境对神经网络模型的输入。在这一层中，无需任何形式的计算，只是将信息传递到隐含层或输出层。输入层的每个神经元代表了一个对目标变量有影响的预测变量。

（2）隐含层

隐含层与外部环境没有直接连接（因此称为"隐含层"），它是具有激活功能的神经元的集合，代表了模型进行中间数据处理或计算的功能，处于输入层和输出层之间。一个隐含层把从上一层（输入层或另一个隐含层）传递来的信息进行处理后，向下一层（另一个隐含层或输出层）进行信息传递。

在一个神经网络模型中，可以有0个、1个或多个隐含层。例如，对于一个可以线性分割的数据集，就不需要使用隐含层，因为可以对输入层直接实现激活功能，从而可以解决问题；但是，如果问题涉及复杂的决策，则可以根据问题的复杂程度或所需的准确性使用一个或多个隐含层。所以，隐含层的层数、每层神经元的个数是神经网络模型的重要参数。

（3）输出层

输出层是输出神经元的集合，代表了神经网络模型对外部环境的通信。通过激活函数的计算把结果展示给外部。输出层中神经元的数量与模型需要解决的业务问题直接相关，所以要确定输出层中神经元的数量，首先要考虑神经网络的预期用途。

（4）连接和权重

一个神经网络模型由连接组成，相邻层的神经元通过连接形成一个网状的模型。连接能够把一个神经元的计算结果传递给下一层的神经元，并且每个连接都有一个连接权重值，表示当前神经元对连接的下一个神经元的影响程度。连接权重也是神经网络模型的重要参数。

（5）激活函数

激活函数定义了一个神经元的计算功能，这是神经网络模型中最重要的特征。前面讲过，它的主要工作是将输入数据转换为输出结果，并把输出结果传递给下一层神经元。所以，激活函数也称为传递函数，它代表了计算结果的传递规则。通过使用非线性激活函数，可以使神经网络模型能够仅使用少量节点（神经元）就可以解决某些非平凡问题（nontrivial problems），获得有实际意义的答案。这很重要，因为现实世界的大多数数据之间的关系都是非线性的，我们当然希望神经网络模型能够学习这种非线性的表示形式。

（6）学习规则

学习规则是指更新和确认神经网络模型参数的规则或算法，以便能够在给定某个输入数据时，能够产生一个输出。例如，常用的BP（Back Propagation）网络就是通过采用"信息正向传播，误差反向传播"的方式计算每个连接权重等参数，完成模型构建的。

（7）网络层数

由于输入层的特殊性（没有激活函数），在计算模型层数的时候，一般不包括输入层。例如图1-2就是一个3层神经网络。所以，单层（1层）神经网络就是一个没有隐含层的网络（输入层直接映射到输出层）。从这种意义上讲，逻辑回归或支持向量机SVM（Support Vector Machine）只是单层神经网络的一种特殊情况。关于支持向量机SVM模型，将会在后面的章节中介绍；对于逻辑回归模型，请读者参阅本书的上集《数据挖掘与机器学习：PMML建模（上）》中相关的内容。

（8）模型规模

有两个指标用来衡量神经网络模型的规模：神经元的数量、需要学习的参数数量。我们以图1-2为例来说明。图1-2是一个全连接的神经网络模型，即相邻层的神经元两两全部存在连接，包括一个输入层（3个神经元），两个隐含层（分别有4个和3个神经元）和一个输出层（2个神经元），是一个3层的神经网络模型。

神经元的数量：4+3+2 = 9（注意：输入层的神经元不计算在内）。

学习参数数量：(3×4)+(4×3)+(3×2) = 30个权重，4+3+2 = 9个偏置项，总共有30+9 = 39个需要学习的参数。

目前非常热门的卷积神经网络CNN（Convolutional Neural Network）可以超过20层，包含成千上万个参数。

在神经网络模型的构建过程中，激活函数的选择是至关重要的一步。从纯粹数学的角度看，神经网络模型是一个多层复合函数，而其激活函数的作用是保证模型的非线性。假设神经网络模型的输入是n维向量X，输出是m维向量y，它实际上实现了n维向量到m维向量的映射（一般$n > m$）：

$$R^n \to R^m$$

则映射函数f记为：

$$y=f(X)$$

这个映射函数就是激活函数。在神经网络模型中，第i层的变换写成矩阵和向量形式为：

$$net^i = W^i X^{i-1} + b^i$$

net 称为净输入，径向基函数网络 RBFN 以欧式距离表示。

$$X^i = f(net^i)$$

式中，W 是权重矩阵，b 是偏置向量，net 是中间计算结果，X 是模型中每一层的输出（输出层为 y）。激活函数分别作用于向量 net 的每一个分量，产生一个向量输出 X。在构建模型时，有多种激活函数可以使用，表 1-1 列举了常用的一些激活函数。

表1-1 神经网络模型常用的激活函数（公式中 x 相当于净输入 net 值）

序号	类型	激活函数公式	说明
1	threshold	$f(x)=\begin{cases}1 & x>t \\ 0 & x\leq t\end{cases}$ t 为阈值	阈值函数，也称为阶梯函数（即 step 函数）
2	logistic	$f(x)=\dfrac{1}{1+exp(-x)}$	也称为 Sigmoid 函数，S形函数
3	tanh	$f(x)=\dfrac{exp(2x)-1}{exp(2x)+1}$	双曲正切函数(TanHyperbolic)
4	identity	$f(x)=x$	恒等函数
5	exponential	$f(x)=exp(x)$	指数函数
6	reciprocal	$f(x)=\dfrac{1}{x}$	倒数函数
7	square	$f(x)=x^2$	平方函数
8	Gauss(Gaussian)	$f(x)=exp(-x^2)$	高斯函数
9	sine	$f(x)=\sin(x)$	正弦函数
10	cosine	$f(x)=\cos(x)$	余弦函数
11	Elliott	$f(x)=\dfrac{x}{1+|x|}$	艾略特函数
12	arctan	$f(x)=\dfrac{2\times\arctan(x)}{Pi}$	反正切函数
13	ReLU(rectifier)	$f(x)=max(0,x)$	修正线性单元函数（Rectified Linear Unit）
14	radialBasis	$f(x)=exp(\alpha-x)$	径向基函数，常用于径向基函数网络（RBFN）
15	PReLU	$f(x)=\begin{cases}x & x>0 \\ \alpha x & x\leq 0\end{cases}$	参数化修正线性单元函数（Parametric Rectified Linear Unit）
16	ELU	$f(x)=\begin{cases}x & x>0 \\ \alpha(e^x-1) & x\leq 0\end{cases}$	指数线性单元函数（Exponential Linear Unit）
17	BNLL	$f(x)=\log(1+exp(x))$	二项式正态对数似然函数（binomial normal log likelihood）

在多层网络模型中，整个模型可以使用一种激活函数，也可以使用多种激活函数（但是一般同一层中使用相同的激活函数）。实际上，这里的激活函数与通用回归模型中的连接函数非常类似。需要了解通用回归模型相关内容的读者，请参阅本书的上集《数据挖掘与机器学习：PMML建模（上）》。

从神经元之间连接权重的计算方式来看，有两种基本拓扑形式的神经网络模型：前馈神经网络模型（Feedforward Neural Network）和反馈神经网络模型（Feedback Neural Network）。两者的区别在于前馈网络没有反馈回路，信息只从输入层流向输出层。

1.3 神经网络模型元素

在PMML规范中，使用元素NeuralNetwork来标记神经网络模型。一个神经网络模型元素NeuralNetwork除了包含所有模型通用的模型属性以及子元素MiningSchema、Output、ModelStats、Local Transformations和ModelVerification等共性部分外，还包括神经网络模型特有的属性和子元素。各种模型共性的内容请参见笔者的另一本书《PMML建模标准语言基础》，这里将主要介绍神经网络模型特有的部分。

在PMML规范中，神经网络模型元素NeuralNetwork的定义如下：

```
1.  <xs:element name="NeuralNetwork">
2.    <xs:complexType>
3.      <xs:sequence>
4.        <xs:element ref="Extension" minOccurs="0" maxOccurs="unbounded"/>
5.        <xs:element ref="MiningSchema"/>
6.        <xs:element ref="Output" minOccurs="0"/>
7.        <xs:element ref="ModelStats" minOccurs="0"/>
8.        <xs:element ref="ModelExplanation" minOccurs="0"/>
9.        <xs:element ref="Targets" minOccurs="0"/>
10.       <xs:element ref="LocalTransformations" minOccurs="0"/>
11.       <xs:element ref="NeuralInputs"/>
12.       <xs:element maxOccurs="unbounded" ref="NeuralLayer"/>
13.       <xs:element minOccurs="0" ref="NeuralOutputs"/>
14.       <xs:element ref="ModelVerification" minOccurs="0"/>
15.       <xs:element ref="Extension" minOccurs="0" maxOccurs="unbounded"/>
16.     </xs:sequence>
17.     <xs:attribute name="modelName" type="xs:string"/>
```

```
18.     <xs:attribute name="functionName" type="MINING-FUNCTION" use="required"/>
19.     <xs:attribute name="algorithmName" type="xs:string"/>
20.     <xs:attribute name="activationFunction" type="ACTIVATION-FUNCTION" use="required"/>
21.     <xs:attribute name="normalizationMethod" type="NN-NORMALIZATION-METHOD" default="none"/>
22.     <xs:attribute name="threshold" type="REAL-NUMBER" default="0"/>
23.     <xs:attribute name="width" type="REAL-NUMBER"/>
24.     <xs:attribute name="altitude" type="REAL-NUMBER" default="1.0"/>
25.     <xs:attribute name="numberOfLayers" type="xs:nonNegativeInteger"/>
26.     <xs:attribute name="isScorable" type="xs:boolean" default="true"/>
27.   </xs:complexType>
28. </xs:element>
```

从上面的定义可以看出，元素NeuralNetwork包含了输入层子元素NeuralInputs、隐含层子元素NeuralLayer和输出层子元素NeuralOutputs。除此之外，还包括activationFunction、normalizationMethod等6个特有的属性。

下面我们就对这些属性和子元素做详细的描述。

1.3.1　模型属性

任何一个模型都可以包含modelName、functionName、algorithmName和isScorable四个属性，其中属性functionName是必选的，其他三个属性是可选的。它们的含义如下。

◇ 模型名称属性modelName：可选属性，标识挖掘模型的名称。可以由模型构建者自由定制，甚至是一段描述性的短文本都可以。如果设置了此属性，则它在整个PMML文档中必须唯一。

◇ 算法名称属性algorithmName：可选属性，在创建模型时使用算法的名称。

◇ 功能名称属性functionName：必选属性，指定了模型能够实现的功能的类型。类型为MINING-FUNCTION。

由于不同挖掘模型实现的功能不同，如有些模型可能用于对数值数据的预测，另外一些可能用于对目标变量的分类，所以PMML规范根据挖掘模型所实现的功能，定义了7种类别。每一个挖掘模型必须有一个功能类别，这个类别是通过模型属性functionName来指定的。

属性functionName可取枚举类型MINING-FUNCTION中的一个值，其定义如下：

```
1.  <xs:simpleType name="MINING-FUNCTION">
2.    <xs:restriction base="xs:string">
3.      <xs:enumeration value="associationRules"/>
4.      <xs:enumeration value="sequences"/>
5.      <xs:enumeration value="classification"/>
6.      <xs:enumeration value="regression"/>
7.      <xs:enumeration value="clustering"/>
8.      <xs:enumeration value="timeSeries"/>
9.      <xs:enumeration value="mixed"/>
10.   </xs:restriction>
11. </xs:simpleType>
```

对于神经网络模型元素来说，属性functionName可取"classification"或者"regression"中的一个。设置属性functionName = "regression"表示模型用于连续型数值的回归预测；设置属性functionName = "classification"表示模型用于分类型或定序型变量的分类预测。

◇ isScorable：可选属性，说明一个模型是否可以被正常使用。如果设置为false，则说明这个模型的存在是为了提供描述信息，而不是用于评估新数据。对于任何一个有效的PMML文档来说，即使一个模型的isScorable设置为false，这个模型的所有必要元素和属性也必须存在。本属性的默认值为true。

神经网络模型除了可以具有上面几个所有模型共有的属性外，还包括6个特有的属性：activationFunction、normalizationMethod、threshold、width、altitude、numberOfLayers。下面我们详细介绍一下这几个属性。

（1）激活函数属性activationFunction

必选属性。此属性包含一个类型为ACTIVATION-FUNCTION的值，它设置了一个模型级别的激活函数。我们知道，在一个神经网络模型中，所有层的神经元可以使用同一个种类的激活函数。当然，每一层也可以有自己的激活函数，这种情况下，将在子元素NeuralLayer中设置。我们将在本章后面介绍子元素NeuralLayer。

激活函数类型ACTIVATION-FUNCTION的定义如下：

```
1.  <xs:simpleType name="ACTIVATION-FUNCTION">
2.    <xs:restriction base="xs:string">
3.      <xs:enumeration value="threshold"/>
4.      <xs:enumeration value="logistic"/>
5.      <xs:enumeration value="tanh"/>
```

```
6.      <xs:enumeration value="identity"/>
7.      <xs:enumeration value="exponential"/>
8.      <xs:enumeration value="reciprocal"/>
9.      <xs:enumeration value="square"/>
10.     <xs:enumeration value="Gauss"/>
11.     <xs:enumeration value="sine"/>
12.     <xs:enumeration value="cosine"/>
13.     <xs:enumeration value="Elliott"/>
14.     <xs:enumeration value="arctan"/>
15.     <xs:enumeration value="rectifier"/>
16.     <xs:enumeration value="radialBasis"/>
17.   </xs:restriction>
18. </xs:simpleType>
```

可以看出，这是一个枚举类型，列举了 threshold、logistic、tanh、identity、exponential 等 14 种激活函数，这是目前 PMML 规范支持的所有激活函数种类。这些激活函数可以分为两类。不同类别的激活函数在计算过程中，需要不同的参数。两个类别分别是：

➢ 第一类，神经元的净输入是所有输入的线性权重和（包括偏置项），然后把权重和输入激活函数，计算公式在前面已经讲过。这类激活函数包括除径向基激活函数"radialBasis"之外的所有其他 13 个激活函数。

➢ 第二类，只包括径向基激活函数"radialBasis"。这个激活函数用在径向基函数网络 RBFN（Radial-Based Function Neural Networks，也可称为 RBNN）中。在这类激活函数中，神经元的净输入是输入值与权重值的欧氏距离之和，即净输入 net 为：

$$net = \frac{\sum_{i=1}^{n}(x_i - w_i)^2}{2 \times width^2}$$

式中，x_i 是神经元的输入，w_i 是神经元的连接权重，此时可把 $(w_1, w_2, \cdots, w_n)$ 看作相对于 $(x_1, x_2, \cdots, x_n)$ 的中心。$width$ 为宽度参数，由模型的宽度属性 $width$ 指定。

此时，径向基激活函数"radialBasis"的公式为：

$$activation = e^{(fanin \times \log(altitude) - net)}$$

式中，参数 $fanin$ 表示神经元的扇入数量，等于神经元的连接数量（不包括偏置项）；参数 $altitude$ 是一个正数，由模型的高度属性 $altitude$ 指定。

（2）标准化方法属性 normalizationMethod

可选属性。此属性包含一个类型为 NN-NORMALIZATION-METHOD 的值，它设置了一个模型级别的对激活函数输出值进行归一化的方法。我们知道，在一个神经网络模型中，所有层的神经元可以使用同一个种类的归一化方法。当然，每一层也可以有自己的归一化方法，这种情况下，将在子元素NeuralLayer中设置。我们将在本章后面介绍子元素NeuralLayer。此属性默认值为"none"。

标准化方法类型NN-NORMALIZATION-METHOD的定义如下：

```
1.  <xs:simpleType name="NN-NORMALIZATION-METHOD">
2.    <xs:restriction base="xs:string">
3.      <xs:enumeration value="none"/>
4.      <xs:enumeration value="simplemax"/>
5.      <xs:enumeration value="softmax"/>
6.    </xs:restriction>
7.  </xs:simpleType>
```

可以看出，这是一个枚举类型，列举了none、simplemax、softmax 3种标准化方法。其中"none"表示不做归一化处理，直接使用激活函数的输出作为下一层的输入。

作者在《数据挖掘与机器学习：PMML建模（上）》中讲述"回归模型RegressionModel"时，也提到过标准化方法属性normalizationMethod（回归模型元素RegressionModel的属性）。这里的归一化方法只是回归模型元素RegressionModel的标准化方法中的前三个，需要了解具体内容的读者可翻阅查看。

在神经网络模型中，"softmax"归一化方法经常应用在输出层（对于分类来说），以获得每个类别的概率；"simplemax"归一化方法经常应用在具有径向基激活函数的神经网络的隐含层，以获得"归一化RBF"（Radial-Based Function）激活函数。

（3）阈值属性threshold

可选属性。这个属性只有在激活函数属性activationFunction设置为"threshold"时有效，表示阈值激活函数的阈值。这是一个模型级别的属性，每层都可以有自己的阈值属性（在元素NeuralLayer中设置）。此默认值为0。

（4）宽度属性width

可选属性。这个属性只有在激活函数属性activationFunction设置为"radialBasis"时有效，在计算净输入时使用。这是径向基函数的宽度参数，也称为扩展常数，控制径向作用的范围。这是一个模型级别的属性，每层都可以有自己的宽度属性（在元素NeuralLayer和Neuron中设置）。width越小，径向基函数的宽度越小，基函数就越有选择性。这个属性类似高斯分布函数中的标准差σ。

（5）高度属性altitude

可选属性。这个属性只有在激活函数属性activationFunction设置为"radialBasis"时有效，在计算径向基激活函数输出时使用。这是一个模型级别的属性，每层都可以有自己的宽度属性（在元素 NeuralLayer 和 Neuron 中设置）。此数值为一个正数，默认值为 1.0。

（6）模型层数属性 numberOfLayers

可选属性。此属性为一个非负整数值，表示模型中隐含层和输出层的总层数。为了简便起见，我们把隐含层和输出层统称为模型网络运算层。注意不包含输入层。

1.3.2 模型子元素

神经网络元素 NeuralNetwork 包含了三个特有的子元素：网络输入集子元素 NeuralInputs、网络运算层子元素 NeuralLayer（包括隐含层和输出层）和网络输出集子元素 NeuralOutputs。

请读者注意网络输入集元素 NeuralInputs 和网络输出集元素 NeuralOutputs 的区别。两者虽然从名称上看有相同的结构，但是表达的含义不同。其中元素 NeuralInputs 实际上对应着模型的输入层，而元素 NeuralOutputs 并不被作为模型的一个输出层来考虑的，它是用来连接网络输出层与网络模型最终结构而设立的，并且在规范中是可选的。网络模型的输出层一般是 PMML 模型文档中最后一个网络运算层 NeuralLayer。详情请读者仔细阅读本节后面的例子。

1.3.2.1 网络输入集元素 NeuralInputs

网络输入集元素 NeuralInputs 实际上就是对应着神经网络模型的输入层，它是由一个网络输入子元素 NeuralInput 的序列组成。

每个网络输入子元素 NeuralInput 实际上就对应着一个输入神经元，它定义了输入变量（预测变量）如何进行规范化（归一化），以便能够进入神经网络模型的计算过程。例如：一个字符串值必须编码为数值型才能进入计算过程。

在 PMML 规范中，网络输入集元素 NeuralInputs 的定义如下：

```
1.  <xs:element name="NeuralInputs">
2.    <xs:complexType>
3.      <xs:sequence>
4.        <xs:element ref="Extension" minOccurs="0" maxOccurs="unbounded"/>
5.        <xs:element maxOccurs="unbounded" ref="NeuralInput"/>
6.      </xs:sequence>
7.      <xs:attribute name="numberOfInputs" type="xs:nonNegativeInteger"/>
8.    </xs:complexType>
9.  </xs:element>
10.
11. <xs:element name="NeuralInput">
```

```
12.    <xs:complexType>
13.        <xs:sequence>
14.            <xs:element ref="Extension" minOccurs="0" maxOccurs="unbounded"/>
15.            <xs:element ref="DerivedField"/>
16.        </xs:sequence>
17.        <xs:attribute name="id" type="NN-NEURON-ID" use="required"/>
18.    </xs:complexType>
19. </xs:element>
20.
21. <xs:simpleType name="NN-NEURON-ID">
22.     <xs:restriction base="xs:string"/>
23. </xs:simpleType>
```

从上面的定义可以看出，网络输入集元素NeuralInputs包含了一个网络输入子元素NeuralInput的序列，另外，还有一个可选的网络输入数目属性numberOfInputs，它表示网络输入集中网络输入子元素NeuralInput的个数，其值为非负整数。

而网络输入子元素NeuralInput包含了一个或多个派生字段子元素DerivedField，用来对输入变量值进行归一化处理。另外，它还具有一个必选的类型为NN-NEURON-ID（字符串类型，用来指定神经元的标识符）的输入神经元标识属性id（因为一个网络输入NeuralInput就是一个输入神经元），在一个神经网络模型中它必须具有唯一值。

网络输入子元素NeuralInput代表了一个输入变量的归一化值。对于一个数值型输入变量，它可以直接映射到一个输入神经元；对于分类型输入变量，它将对应着一组输入神经元，一个类别值对应着一个输入神经元。详情参见本节后面的例子。

1.3.2.2 网络运算层元素 NeuralLayer

一个模型至少包含一个具有运算功能的子元素NeuralLayer。

元素NeuralLayer代表了一个神经网络模型中具有运算功能（包含激活函数）的隐含层或输出层，它是由一个神经元Neuron序列组成；而神经元子元素Neuron是由一个连接子元素Con序列组成的。在一个模型中，可以有多个隐含层和一个输出层。在实际评分应用时，它们出现的顺序就是评分应用的顺序。

在PMML规范中，网络运算层元素NeuralLayer的定义如下：

```
1. <xs:element name="NeuralLayer">
2.     <xs:complexType>
3.         <xs:sequence>
4.             <xs:element ref="Extension" minOccurs="0" maxOccurs="unbounded"/>
```

```xml
5.        <xs:element maxOccurs="unbounded" ref="Neuron"/>
6.      </xs:sequence>
7.      <xs:attribute name="numberOfNeurons" type="xs:nonNegativeInteger"/>
8.      <xs:attribute name="activationFunction" type="ACTIVATION-FUNCTION"/>
9.      <xs:attribute name="threshold" type="REAL-NUMBER"/>
10.     <xs:attribute name="width" type="REAL-NUMBER"/>
11.     <xs:attribute name="altitude" type="REAL-NUMBER"/>
12.     <xs:attribute name="normalizationMethod" type="NN-NORMALIZATION-METHOD"/>
13.   </xs:complexType>
14. </xs:element>
15.
16. <xs:element name="Neuron">
17.   <xs:complexType>
18.     <xs:sequence>
19.       <xs:element ref="Extension" minOccurs="0" maxOccurs="unbounded"/>
20.       <xs:element maxOccurs="unbounded" ref="Con"/>
21.     </xs:sequence>
22.     <xs:attribute name="id" type="NN-NEURON-ID" use="required"/>
23.     <xs:attribute name="bias" type="REAL-NUMBER"/>
24.     <xs:attribute name="width" type="REAL-NUMBER"/>
25.     <xs:attribute name="altitude" type="REAL-NUMBER"/>
26.   </xs:complexType>
27. </xs:element>
28.
29. <xs:element name="Con">
30.   <xs:complexType>
31.     <xs:sequence>
32.       <xs:element ref="Extension" minOccurs="0" maxOccurs="unbounded"/>
33.     </xs:sequence>
34.     <xs:attribute name="from" type="NN-NEURON-IDREF" use="required"/>
35.     <xs:attribute name="weight" type="REAL-NUMBER" use="required"/>
36.   </xs:complexType>
```

```
37.    </xs:element>
38.
39.    <xs:simpleType name="NN-NEURON-IDREF">
40.      <xs:restriction base="xs:string"/>
41.    </xs:simpleType>
```

从上面的定义可以看出，元素 NeuralLayer 包含了一个神经元 Neuron 序列，以及神经元数目属性 numberOfNeurons、激活函数属性 activationFunction、阈值属性 threshold、宽度属性 width、高度属性 altitude、标准化方法属性 normalizationMethod 等 6 个属性。

注意：网络运算层元素 Neural Layer 的 6 个属性中，除神经元数目属性 number Of Neurons（表示一个网络运算层包含多少个神经元 Neuron）之外，其他 5 个属性的含义与上面讲述神经网络模型元素 Neural Network 的对应属性类似，只是这里是层级别的，而不是模型级别的。如果在元素 Neural Layer 中设置了这些属性，则其优先级高于模型级别（元素 Neural Network）中的设置。

神经元子元素 Neuron 包含了一个连接子元素 Con 以及神经元标识属性 id、偏置项属性 bias、宽度属性 width、高度属性 altitude。其中，宽度属性 width、高度属性 altitude 的含义与其父元素 NeuralLayer 的对应属性类似，只是这里是神经元级别的，是最低层的。如果在元素 Neuron 中设置了这些属性，则其优先级高于父元素 NeuralLayer 中的设置。

神经元子元素 Neuron 的另外两个属性是 id 和 bias，它们的含义如下：

● 神经元标识属性 id：必选属性。标识一个神经元，在模型内必须唯一，为一个 NN-NEURON-ID 类型的字符串值。
● 偏置项属性 bias：可选属性。设置了一个神经元的偏置项，为一个数值型数值。

连接子元素 Con 代表了相邻两层中神经元的连接信息。这个元素主要由两个必选属性 from 和 weight 组成，其含义分别是：

● 连接来源属性 from：必选属性。指向一个连接的起始神经元，是一个对神经元引用的类型 NN-NEURON-IDREF 值，实际上就是指向一个神经元的属性 id。
● 连接权重属性 weight：必选属性。设置此连接的权重值，为一个数值型属性。

1.3.2.3 网络输出集元素 NeuralOutputs

一个神经网络模型可以包含 0 个、1 个或多个网络输出集子元素 NeuralOutputs，它表示一个神经网络模型如何解释或表达神经网络模型的输出。注意：它不是一个神经网络模型的输出层，模型的输出层是由最后一个网络运算层子元素 NeuralLayer 指定。

与输入神经元相呼应，通过把输出神经元通过某种归一化（规范化）的方法与输入变量进行关联，把神经元的输出转换成神经网络模型的真实分类或回归预测的结果。这就是网络输出集元素 NeuralOutputs 存在的意义。

在 PMML 规范中，元素 NeuralOutputs 的定义如下：

```
1.  <xs:element name="NeuralOutputs">
2.    <xs:complexType>
3.      <xs:sequence>
4.        <xs:element ref="Extension" minOccurs="0" maxOccurs="unbounded"/>
5.        <xs:element maxOccurs="unbounded" ref="NeuralOutput"/>
6.      </xs:sequence>
7.      <xs:attribute name="numberOfOutputs" type="xs:nonNegativeInteger"/>
8.    </xs:complexType>
9.  </xs:element>
10.
11. <xs:element name="NeuralOutput">
12.   <xs:complexType>
13.     <xs:sequence>
14.       <xs:element ref="Extension" minOccurs="0" maxOccurs="unbounded"/>
15.       <xs:element ref="DerivedField"/>
16.     </xs:sequence>
17.     <xs:attribute name="outputNeuron" type="NN-NEURON-IDREF" use="required"/>
18.   </xs:complexType>
19. </xs:element>
```

网络输出集元素 NeuralOutputs 包含了一个网络输出子元素 NeuralOutput 的序列，以及一个指定网络输出子元素数量的属性 numberOfOutputs，它是一个非负整数值。

网络输出元素 NeuralOutput 包含了一个或多个派生字段子元素 DerivedField。另外，还包括一个必选的类型为 NN-NEURON-IDREF（对 NN-NEURON-ID 的引用）的输出神经元名称属性 outputNeuron。

在有监督学习的网络模型中，输出神经元的激活函数值与对应目标字段的归一化值（称为教导值）进行比较，它们的差异决定了模型的预测误差。注意在实际评分应用时，要使用对目标值进行归一化方法的逆过程对模型预测值进行处理，这样才能将输出神经元激活函数值映射到原始训练数据集中目标值的值域范围内。

对于具有反向传播的回归预测神经网络模型来说，网络输出集元素 NeuralOutputs 将只包含一个网络输出元素 NeuralOutput，在这里对输出神经元进行逆归一化处理。

对于具有反向传播的分类神经网络模型来说，网络输出集元素 NeuralOutputs 将只包含一个或多个网络输出元素 NeuralOutput，其中输出层中具有最大激活函数值的神经元将最终决定预测类别值；如果具有最大激活函数值的神经元不止一个，则按照出现顺序取第一个最大值为最终预测类别值。

最后，我们给出两个例子。其中例子1是一个分类的神经网络模型，例子2是一个回归预测的神经网络模型。请读者结合上面的内容仔细阅读，理解模型每个部分的结构。

例子1：这是一个利用神经网络模型进行分类的例子（functionName = "classification"）。

具体代码如下：

```
1.  <PMML xmlns="http://www.dmg.org/PMML-4_3" version="4.3">
2.    <Header copyright="KNIME">
3.      <Application name="KNIME" version="2.8.0"/>
4.    </Header>
5.    <DataDictionary numberOfFields="5">
6.      <DataField dataType="double" name="sepal_length" optype="continuous">
7.        <Interval closure="closedClosed" leftMargin="4.3" rightMargin="7.9"/>
8.      </DataField>
9.      <DataField dataType="double" name="sepal_width" optype="continuous">
10.       <Interval closure="closedClosed" leftMargin="2.0" rightMargin="4.4"/>
11.     </DataField>
12.     <DataField dataType="double" name="petal_length" optype="continuous">
13.       <Interval closure="closedClosed" leftMargin="1.0" rightMargin="6.9"/>
14.     </DataField>
15.     <DataField dataType="double" name="petal_width" optype="continuous">
16.       <Interval closure="closedClosed" leftMargin="0.1" rightMargin="2.5"/>
17.     </DataField>
18.     <DataField dataType="string" name="class" optype="categorical">
19.       <Value value="Iris-setosa"/>
20.       <Value value="Iris-versicolor"/>
21.       <Value value="Iris-virginica"/>
22.     </DataField>
23.   </DataDictionary>
24.   <TransformationDictionary/>
25.   <NeuralNetwork functionName="classification" algorithmName="RProp" activationFunction="logistic" normalizationMethod="none" width="0.0" numberOfLayers="2">
26.     <MiningSchema>
```

```
27.        <MiningField name="sepal_length" invalidValueTreatment="asIs"/>
28.        <MiningField name="sepal_width" invalidValueTreatment="asIs"/>
29.        <MiningField name="petal_length" invalidValueTreatment="asIs"/>
30.        <MiningField name="petal_width" invalidValueTreatment="asIs"/>
31.        <MiningField name="class" invalidValueTreatment="asIs" usageType="predicted"/>
32.      </MiningSchema>
33.      <LocalTransformations>
34.        <DerivedField dataType="double" displayName="sepal_length" name="sepal_length*" optype="continuous">
35.          <Extension extender="KNIME" name="summary" value="Z-Score (Gaussian) normalization on 4 column(s)"/>
36.          <NormContinuous field="sepal_length">
37.            <LinearNorm norm="-7.056602288035726" orig="0.0"/>
38.            <LinearNorm norm="-5.848969266694757" orig="1.0"/>
39.          </NormContinuous>
40.        </DerivedField>
41.        <DerivedField dataType="double" displayName="sepal_width" name="sepal_width*" optype="continuous">
42.          <Extension extender="KNIME" name="summary" value="Z-Score (Gaussian) normalization on 4 column(s)"/>
43.          <NormContinuous field="sepal_width">
44.            <LinearNorm norm="-7.043450340493851" orig="0.0"/>
45.            <LinearNorm norm="-4.737147020096389" orig="1.0"/>
46.          </NormContinuous>
47.        </DerivedField>
48.        <DerivedField dataType="double" displayName="petal_length" name="petal_length*" optype="continuous">
49.          <Extension extender="KNIME" name="summary" value="Z-Score (Gaussian) normalization on 4 column(s)"/>
50.          <NormContinuous field="petal_length">
51.            <LinearNorm norm="-2.130255705592192" orig="0.0"/>
52.            <LinearNorm norm="-1.5634973589465222" orig="1.0"/>
53.          </NormContinuous>
```

```xml
54.        </DerivedField>
55.        <DerivedField dataType="double" displayName="petal_width" name="petal_width*" optype="continuous">
56.          <Extension extender="KNIME" name="summary" value="Z-Score (Gaussian) normalization on 4 column(s)"/>
57.          <NormContinuous field="petal_width">
58.            <LinearNorm norm="-1.5706608073093793" orig="0.0"/>
59.            <LinearNorm norm="-0.26032086795227816" orig="1.0"/>
60.          </NormContinuous>
61.        </DerivedField>
62.      </LocalTransformations>
63.      <NeuralInputs numberOfInputs="4">
64.        <NeuralInput id="0,0">
65.          <DerivedField optype="continuous" dataType="double">
66.            <FieldRef field="sepal_length*"/>
67.          </DerivedField>
68.        </NeuralInput>
69.        <NeuralInput id="0,1">
70.          <DerivedField optype="continuous" dataType="double">
71.            <FieldRef field="sepal_width*"/>
72.          </DerivedField>
73.        </NeuralInput>
74.        <NeuralInput id="0,2">
75.          <DerivedField optype="continuous" dataType="double">
76.            <FieldRef field="petal_length*"/>
77.          </DerivedField>
78.        </NeuralInput>
79.        <NeuralInput id="0,3">
80.          <DerivedField optype="continuous" dataType="double">
81.            <FieldRef field="petal_width*"/>
82.          </DerivedField>
83.        </NeuralInput>
84.      </NeuralInputs>
```

```xml
85.    <NeuralLayer>
86.        <Neuron id="1,0" bias="40.4715596724959">
87.            <Con from="0,0" weight="0.8176653427717075"/>
88.            <Con from="0,1" weight="-9.220948533282769"/>
89.            <Con from="0,2" weight="26.50745889288644"/>
90.            <Con from="0,3" weight="46.892366529773696"/>
91.        </Neuron>
92.        <Neuron id="1,1" bias="42.07393631555714">
93.            <Con from="0,0" weight="0.7673281834576293"/>
94.            <Con from="0,1" weight="-11.442725010790134"/>
95.            <Con from="0,2" weight="27.536429596116776"/>
96.            <Con from="0,3" weight="50.32390234180563"/>
97.        </Neuron>
98.        <Neuron id="1,2" bias="-4.682714809598759">
99.            <Con from="0,0" weight="-0.48068857982178426"/>
100.           <Con from="0,1" weight="-0.6949378788387349"/>
101.           <Con from="0,2" weight="3.5130145878230925"/>
102.           <Con from="0,3" weight="3.374852329493185"/>
103.       </Neuron>
104.   </NeuralLayer>
105.   <NeuralLayer>
106.       <Neuron id="2,0" bias="36.829174221809204">
107.           <Con from="1,0" weight="-15.428606782109018"/>
108.           <Con from="1,1" weight="-58.68586577113855"/>
109.           <Con from="1,2" weight="-4.533681748641222"/>
110.       </Neuron>
111.       <Neuron id="2,1" bias="-3.832065207474468">
112.           <Con from="1,0" weight="4.803555297576479"/>
113.           <Con from="1,1" weight="4.858790438015236"/>
114.           <Con from="1,2" weight="-12.562463287384077"/>
115.       </Neuron>
116.       <Neuron id="2,2" bias="-6.330825024982664">
117.           <Con from="1,0" weight="0.08902632905447753"/>
```

```
118.            <Con from="1,1" weight="0.12439444541826992"/>
119.            <Con from="1,2" weight="13.13076076007838"/>
120.          </Neuron>
121.        </NeuralLayer>
122.        <NeuralOutputs numberOfOutputs="3">
123.          <NeuralOutput outputNeuron="2,0">
124.            <DerivedField optype="categorical" dataType="string">
125.              <NormDiscrete field="class" value="Iris-setosa"/>
126.            </DerivedField>
127.          </NeuralOutput>
128.          <NeuralOutput outputNeuron="2,1">
129.            <DerivedField optype="categorical" dataType="string">
130.              <NormDiscrete field="class" value="Iris-versicolor"/>
131.            </DerivedField>
132.          </NeuralOutput>
133.          <NeuralOutput outputNeuron="2,2">
134.            <DerivedField optype="categorical" dataType="string">
135.              <NormDiscrete field="class" value="Iris-virginica"/>
136.            </DerivedField>
137.          </NeuralOutput>
138.        </NeuralOutputs>
139.      </NeuralNetwork>
140.    </PMML>
```

例子2：这是一个利用神经网络模型进行回归预测的例子（functionName = "regression"）。

具体代码如下：

```
1. <PMML xmlns="http://www.dmg.org/PMML-4_3" version="4.3">
2.   <Header copyright="DMG.org"/>
3.   <DataDictionary numberOfFields="5">
4.     <DataField name="gender" optype="categorical" dataType="string">
5.       <Value value="   female"/>
6.       <Value value="    male"/>
```

```xml
7.    </DataField>
8.    <DataField name="no of claims" optype="categorical" dataType="string">
9.        <Value value="       0"/>
10.       <Value value="       1"/>
11.       <Value value="       2"/>
12.       <Value value="       3"/>
13.       <Value value="      >3"/>
14.   </DataField>
15.   <DataField name="domicile" optype="categorical" dataType="string">
16.       <Value value="suburban"/>
17.       <Value value="   urban"/>
18.       <Value value="   rural"/>
19.   </DataField>
20.   <DataField name="age of car" optype="continuous" dataType="double"/>
21.   <DataField name="amount of claims" optype="continuous" dataType="integer"/>
22.   </DataDictionary>
23.   <NeuralNetwork modelName="Neural Insurance" functionName="regression" activationFunction="logistic" numberOfLayers="2">
24.       <MiningSchema>
25.           <MiningField name="gender"/>
26.           <MiningField name="no of claims"/>
27.           <MiningField name="domicile"/>
28.           <MiningField name="age of car"/>
29.           <MiningField name="amount of claims" usageType="target"/>
30.       </MiningSchema>
31.       <NeuralInputs numberOfInputs="10">
32.           <NeuralInput id="0">
33.               <DerivedField optype="continuous" dataType="double">
34.                   <NormContinuous field="age of car">
35.                       <LinearNorm orig="0.01" norm="0"/>
36.                       <LinearNorm orig="3.07897" norm="0.5"/>
37.                       <LinearNorm orig="11.44" norm="1"/>
38.                   </NormContinuous>
```

```
39.        </DerivedField>
40.      </NeuralInput>
41.      <NeuralInput id="1">
42.        <DerivedField optype="continuous" dataType="double">
43.          <NormDiscrete field="gender" value="      male"/>
44.        </DerivedField>
45.      </NeuralInput>
46.      <NeuralInput id="2">
47.        <DerivedField optype="continuous" dataType="double">
48.          <NormDiscrete field="no of claims" value="         0"/>
49.        </DerivedField>
50.      </NeuralInput>
51.      <NeuralInput id="3">
52.        <DerivedField optype="continuous" dataType="double">
53.          <NormDiscrete field="no of claims" value="         1"/>
54.        </DerivedField>
55.      </NeuralInput>
56.      <NeuralInput id="4">
57.        <DerivedField optype="continuous" dataType="double">
58.          <NormDiscrete field="no of claims" value="         3"/>
59.        </DerivedField>
60.      </NeuralInput>
61.      <NeuralInput id="5">
62.        <DerivedField optype="continuous" dataType="double">
63.          <NormDiscrete field="no of claims" value="      &gt; 3"/>
64.        </DerivedField>
65.      </NeuralInput>
66.      <NeuralInput id="6">
67.        <DerivedField optype="continuous" dataType="double">
68.          <NormDiscrete field="no of claims" value="         2"/>
69.        </DerivedField>
70.      </NeuralInput>
71.      <NeuralInput id="7">
```

```
72.        <DerivedField optype="continuous" dataType="double">
73.            <NormDiscrete field="domicile" value="suburban"/>
74.        </DerivedField>
75.      </NeuralInput>
76.      <NeuralInput id="8">
77.        <DerivedField optype="continuous" dataType="double">
78.            <NormDiscrete field="domicile" value="    urban"/>
79.        </DerivedField>
80.      </NeuralInput>
81.      <NeuralInput id="9">
82.        <DerivedField optype="continuous" dataType="double">
83.            <NormDiscrete field="domicile" value="    rural"/>
84.        </DerivedField>
85.      </NeuralInput>
86.    </NeuralInputs>
87.    <NeuralLayer numberOfNeurons="3">
88.      <Neuron id="10">
89.        <Con from="0" weight="-2.08148"/>
90.        <Con from="1" weight="3.69657"/>
91.        <Con from="2" weight="-1.89986"/>
92.        <Con from="3" weight="5.61779"/>
93.        <Con from="4" weight="0.427558"/>
94.        <Con from="5" weight="-1.25971"/>
95.        <Con from="6" weight="-6.55549"/>
96.        <Con from="7" weight="-4.62773"/>
97.        <Con from="8" weight="1.97525"/>
98.        <Con from="9" weight="-1.0962"/>
99.      </Neuron>
100.     <Neuron id="11">
101.       <Con from="0" weight="-0.698997"/>
102.       <Con from="1" weight="-3.54943"/>
103.       <Con from="2" weight="-3.29632"/>
104.       <Con from="3" weight="-1.20931"/>
```

```xml
105.          <Con from="4" weight="1.00497"/>
106.          <Con from="5" weight="0.033502"/>
107.          <Con from="6" weight="1.12016"/>
108.          <Con from="7" weight="0.523197"/>
109.          <Con from="8" weight="-2.96135"/>
110.          <Con from="9" weight="-0.398626"/>
111.        </Neuron>
112.        <Neuron id="12">
113.          <Con from="0" weight="0.904057"/>
114.          <Con from="1" weight="1.75084"/>
115.          <Con from="2" weight="2.51658"/>
116.          <Con from="3" weight="-0.151895"/>
117.          <Con from="4" weight="-2.88008"/>
118.          <Con from="5" weight="0.920063"/>
119.          <Con from="6" weight="-3.30742"/>
120.          <Con from="7" weight="-1.72251"/>
121.          <Con from="8" weight="-1.13156"/>
122.          <Con from="9" weight="-0.758563"/>
123.        </Neuron>
124.      </NeuralLayer>
125.      <NeuralLayer numberOfNeurons="1">
126.        <Neuron id="13">
127.          <Con from="10" weight="0.76617"/>
128.          <Con from="11" weight="-1.5065"/>
129.          <Con from="12" weight="0.999797"/>
130.        </Neuron>
131.      </NeuralLayer>
132.      <NeuralOutputs numberOfOutputs="1">
133.        <NeuralOutput outputNeuron="13">
134.          <DerivedField optype="continuous" dataType="double">
135.            <NormContinuous field="amount of claims">
136.              <LinearNorm orig="0" norm="0.1"/>
137.              <LinearNorm orig="1291.68" norm="0.5"/>
```

```
138.            <LinearNorm orig="5327.26" norm="0.9"/>
139.          </NormContinuous>
140.        </DerivedField>
141.      </NeuralOutput>
142.    </NeuralOutputs>
143.  </NeuralNetwork>
144. </PMML>
```

在上面的两个例子中，关于派生字段元素DerivedField、离散数据规范化表达式NormDiscrete、连续数据规范化表达式NormContinuous等子元素的具体内容，请参见笔者的另一本书《PMML建模标准语言基础》。

1.3.3 评分应用过程

在神经网络模型生成之后，就可以应用于新数据进行评分应用了。评分应用是以一个新的数据作为输入，以回归预测或分类预测为输出结果的过程。

虽然神经网络模型本身较为复杂，但是使用比较简单明了，这里就不再举例说明了。另外，在笔者的另外一本与本书相关的书籍《PMML建模标准语言基础》中，有一个完整的神经网络应用的例子，感兴趣的读者可以参考。

2 决策树模型（TreeModel）

2.1 决策树模型基础知识

2.1.1 决策树模型简介

决策树模型在形式是一种流程图式的、类似树形的图,它模拟人类的判断思维流程,能够非常清楚地显示一系列决策的过程和各种结果。因而作为决策工具,常常用于分析决策和规划策略中。从最终用户来看,它的最大优点就是非常容易理解和遵循执行。

图2-1为一个决策树模型的示意图。

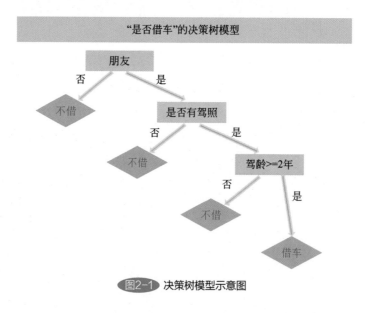

图2-1 决策树模型示意图

从图2-1中我们可以得出一条规则:有驾照,且驾龄大于或等于2年的朋友,才会把车借给他。

一个典型的决策树模型由四部分组成:根节点(root node)、内部节点(internal node)、叶子节点(leaf node)以及分支(branch)。其中:

➤ 根节点表示模型选择的第一个特征属性(变量),是决策树的起始点,它只有出边,没有入边,即入度为0,出度不为0。其中,入度为一个节点的入边条数,出度为一个节点的出边条数。

➤ 内部节点表示其他特征属性(变量),它有一条入边以及至少两条出边。根节点和内部节点都包含需要回答的特定问题,或者说,承载了特定的标准和规则,它们代表了决策的过程。内部节点也称为非叶子节点、分支节点(branch node)或者决策节点(decision node)。

➤ 叶子节点对应着目标变量的目标类别,每一个叶子节点对应着一个目标类别,代表着决策结果。它只有一条入边，且没有出边，这点与根节点正好相反。叶子节点也称为终端节点或者决策结果节点（decision result node）。

➢ 分支是连接节点的弧（一般以直线表示），代表了从问题到答案的决策过程。

在图2-1中，第一个节点（根节点）中的问题需要"是"或"否"的答案，则会有一个内部节点用于"否"响应，另一个内部节点用于"是"的响应。

决策树是一种非常稳定、应用广泛的模型，它具有以下优点：

● 简单易懂，结果可解释，并且能够对数据进行可视化展示，清楚明了。
● 无需复杂的数据准备。其他算法通常都需要数据规范化、哑变量编码、缺失值处理等等数据预处理工作。
● 决策树模型的使用成本与用于训练树的数据点的数量有关，是训练样本数的对数。
● 即可以处理连续型变量，也可以处理分类或定序型变量，并是一种非参数模型，对数据的要求较低。
● 能够处理多分类问题。
● 决策树模型属于一种白盒模型，也就是说，如果在模型中可以观察到某种情形，则这种情形可以很容易地通过布尔逻辑进行解释；相反，在神经网络、逻辑回归等黑盒模型中，最终预测结果往往很难解释。
● 可以使用统计检验技术验证模型的可靠性。另外模型的包容性非常好，即使其假设在某种程度上偏离了数据来源的真实模型，也表现良好。

决策树本质上也是一种有向无环图模型（DAG：Directed Acyclic Graphical model），这有点类似于贝叶斯网络模型。关于贝叶斯网络模型的有关知识，请读者查阅相关知识，或者参阅本书的上集《数据挖掘和机器学习：PMML建模（上）》。

另外，决策树模型与规则集模型（RuleSetModel）是有密切关系的，我们可以很容易地把一个决策树模型转换为if-then格式的规则集模型。关于规则集模型我们将在下一章中详细描述。

2.1.2 逻辑谓词表达式

在决策树模型中，每个根节点和内部节点都包含一个逻辑谓词表达式（logical predicate expression），用于定义选择其他内部节点或叶子节点的规则。为了能够更好地掌握决策数模型的有关知识，这里有必要对"逻辑谓词表达式"进行详细说明一下。

逻辑简单来说就是规则，而"逻辑谓词表达式"是通过逻辑运算符将谓词表达式或逻辑变量连接起来的有意义的语句。

（1）逻辑运算符

逻辑运算符是表达逻辑运算的运算符号。常用的有与（AND）、或（OR）、非（NOT）等等。

（2）逻辑变量

是指只能取真值（"true"）或假值（"false"）的变量。在编程语言中，常常以数字1表示"真"，以数字0表示"假"。注意：逻辑0和逻辑1并不表示具体的数值，而是表示相互矛盾、相互对立的两种状态。因此，逻辑0和逻辑1之间并不存在大小关系，没有数值的意义。

（3）谓词表达式

谓词表达式是通过谓词连接或构建的表达式，其中的谓词是一个表达式中体现关系的词语，用来描述或判定特征变量本身的性质或者特征变量之间关系的词项，其作用相当于一个汉语语言中的谓语（也可以包括谓语前的状语）。如"等于""大于""在…之中"等等，都是谓词。

我们以图2-1模型图中一个内部节点"驾龄>=2年"来说明一下谓词的概念。在这个节点中有一个谓词表达式：

"驾龄>=2年"

在这个表达式中，大于等于2年，即">=2年"就是一个谓词，而"驾龄"是一个输入模型的特征变量，它们共同组成了一个完整的谓词表达式。所以，这个节点中包含的逻辑谓词表达式表示的是：判断驾龄是否大于等于2年，如果驾龄大于等于2年，则进入"借车"叶子节点；否则进入"不借"叶子节点。

实际上，我们在使用SQL语句（Structure Query Language）对数据库进行操作的时候，经常需要使用谓词。例如>（大于）、>=（大于等于）、!=（不等）、=（等于）、IN（存在于…之中）、BETWEEN（介于…和…之间）、LIKE（相似于）等等都是谓词，并且可以通过逻辑运算符可以构建更复杂的逻辑表达式，实现更复杂的过滤查询。例如要查询订单表tabOrder中2019年9月份订单金额大于10万的订单，其SQL语句可以如下：

```
1.SELECT orderID, orderDate, orderAmount, customerName FROM tabOrder
2.WHERE orderDate='201909' AND orderAmount>10
```

逻辑谓词表达式的结果值也是一个逻辑值，即"true"或"false"。在决策树模型中，模型藉由此节点的表达式的结果来确定下一个分支和节点。

决策树的构造过程就是基于特征变量值测试结果（以逻辑谓词表达式来体现）将原始数据集分割为不同的子集，并且以递归方式对每个派生的子集重复该过程来实现的，这种方法称为递归分区（recursive partitioning）。当某个节点上的子集都具有相同的目标变量值（类别），或者进一步的分割没有特征变量对目标变量有所贡献时，递归就完成了。

在决策树的构造过程中不需要特别的领域知识或参数设置，因此非常适合探索性的知识发现。作为一种有监督的学习模型，既可以解决分类问题，也可以解决回归问题，具有预测精度高、稳定性高和容易对结果进行解释的特点，并且能够很好地映射预测变量与目标变量之间的非线性关系。所以被认为是最好的、最常用的归纳学习方法之一。

决策树模型的实现算法有多种，常见的包括卡方自动交互检验CHAID、迭代二叉树ID3、C4.5、CART等算法，我们将在第二节重点描述这些算法。

2.2 决策树模型算法简介

与其他"黑盒模型"，如神经网络NN、支持向量机SVM等模型相比，决策树模型更像一个"白盒模型"，它可以非常清晰地向用户展示预测的逻辑规则和流程，这也是这种模型非常受欢迎的原因之一。

在决策树的创建过程中，最核心的任务就是确定分支变量，实现对训练数据的分割，即当需要对一个节点进行分支（分割）时，挑选出一个恰当的预测变量的一个合适的取值（阈值）作为分割的临界值，对节点进行分支，逐步构建出完整的决策树。恰当的分支变量的选择有很多不同的量化评估标准，从而衍生出不同的决策树算法，例如可以使用卡方值、信息熵、基尼（Gini）系数等等。下面是比较典型的决策树算法：

✓ 卡方自动交互检验CHAID（Chi-square Automatic Interaction Detector）；
✓ 迭代二叉树ID3（Iterative Dichotomiser 3）；
✓ 分类器C4.5（Classifier 4.5，由ID3改进而来）以及C5.0；
✓ 分类与回归树CART（Classification and Regression Trees），也简称为C&RT。

下面我们对以上4种算法进行详细描述。

2.2.1 卡方自动交互检验算法（CHAID）

CHAID（卡方自动交互检验算法）是历史最长的决策树算法之一，它可以创建多于2个分支的树模型，并且同时适用于分类预测和回归预测，是由G.V.Kass于1980年提出的。

使用CHAID算法构建决策树的过程包括两大步骤：合并和分裂。第一步是合并。合并是指对一个预测变量不同取值（也称为水平。对于连续型变量需要离散化，后面我们会详细描述）的合并，首先判断预测变量的两两不同取值之间是否具有显著性差异（针对目标变量），如果没有显著性差异，则这些水平进行合并成新的水平，在此基础上再次重新判断两两不同取值之间是否有显著性差异，并根据结果决定是合并，这是一个循环的过程，直到预测变量中所有的（合并后新的）水平都有显著性差异为止；第二步是分裂过程，也就是决策树的成长过程。根据不同取值合并后的预测变量与目标变量之间相关性的强度，决定预测变量进入决策树的顺序，直到不再需要继续分裂为止。在这个过程中，CHAID算法会自动剔除对模型没有显著贡献的预测变量。

在用于分类预测时（目标变量为分类型或定序型变量），CHAID算法是通过构建卡方统计量χ^2，利用卡方检验来识别最优分割（分支）变量，进而生成决策树的分类方法；而在用于回归预测时（目标变量为连续型变量），CHAID算法通过构建F统计量，利用F检验(而不是卡方检验)来识别最优分割（分支）变量。

关于卡方分布及卡方检验的知识，请读者查阅相关知识，或者参阅本书的上集《数据挖掘和机器学习：PMML建模（上）》的第四章"基线模型BaselineModel"中内容，这里不再赘述。

图2-2为一个CHAID算法的决策树模型，它根据某银行贷款客户的历史信息，包括客户是正常还贷（信用评价Credit rating = Good优良）还是在拖欠贷款（信用评价Credit rating = Bad不良），创建一个贷款客户是否正常还贷的预测模型。这是一棵深度为3的决策树，在每个节点中以灰色背景展示了占主导地位的目标类别。根节点（节点0）提供了数据集中所有实例（记录）的摘要：在总共2464个历史数据集中，超过40%个案的信用评级（Credit rating）为不良（Bad），这是相当高的比例了，需要认真研究，确定哪些因素起决定作用，以便在以后的经营中采取针对性的预防措施。

在这棵树中，第一个分支变量是"收入水平(Income)"，其余两个出现的变量分别是"持有的信用卡数量(Credit_cards)"和"客户年龄(Age)"。

在利用CHAID算法构建决策树模型时，需要解决以下两个问题：

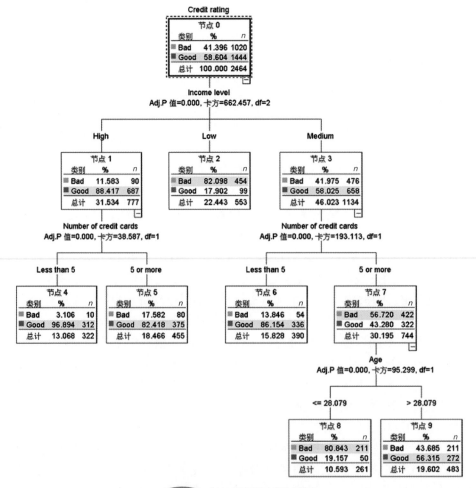

图2-2 CHAID算法决策树模型

① 决定分支变量的规则是什么？如图2-2中，为什么第一个分支变量是"收入水平(Income level)"？

② 如何处理连续型预测变量？如图2-2中，连续型预测变量"客户年龄(Age)"以"<=28.079"、">28.079"作为分割的临界点是如何确定的？

对于第一个问题，涉及决策树的生产步骤。一般来说，CHAID算法的流程包含以下几个步骤：

● Step 1：计算并检验每个预测变量与目标变量的统计显著性。其中对于连续型目标变量使用F检验，对于分类型或定序型目标变量使用卡方χ^2检验。

● Step 2：确定显著性最强的预测变量为第一个分支变量，这也是重要性最大的预测变量。判断标准是具有最小的Bonferroni校正后的概率P值的预测变量就是最重要的预测变量。Bonferroni校正的目的是消除预测变量由于取值类别多带来的计算偏差，关于Bonferroni校正的相关知识，请读者自行查阅相关知识。

● Step 3：按照分支变量的不同取值（水平）对当前节点进行划分，生成响应的子节点。

● Step 4：对于每一个子节点，依次检验剩余的预测变量与目标变量的统计显著性，并按照Step 2和Step 3的方式进行子节点的划分。

● Step 5：重复Step 4，直到无法在进行分割为止。这样最终形成了一个完整的决策树。

对于第二个问题，涉及连续型预测变量的离散化。我们知道，对连续变量取值的离散化处理一般采用等宽（等距）区间法（也称等距分箱法）或者采用等频区间法（也称等频分箱法），但是这两种方法都没有考虑预测变量观察值（实例）的所属类别（即目标变量的取值）信息。所以，在CHAID决策树模型中，采用的是考虑样本所属类别信息的ChiMerge方法，即卡方分箱法。由于考虑到目标类别的信息，这种方法被认为是一种有监督的离散化方法。下面我们以实际例子的方式说明ChiMerge方法的基本思想。

假设我们有表2-1所示的数据集，其中第一列sepal length（花萼长度）为一个连续型预测变量，第二列Target为目标变量，有三个类别取值："setosa"、"versicolor"、"virginica"。本示例数据取自于鸢尾花数据集（Iris DataSet，地址：https://archive.ics.uci.edu/ml/datasets/iris）。

表2-1 示例数据集（共13条记录）

sepal length	Target
5.1	setosa
4.8	setosa
5.1	setosa
5.0	setosa
7.0	versicolor

续表

sepal length	Target
6.4	versicolor
6.9	versicolor
5.7	versicolor
6.2	versicolor
5.7	versicolor
6.3	virginica
7.1	virginica
6.3	virginica

下面就是ChiMerge方法的实现步骤。

① 升序排序。对数据集按照预测变量"sepal length"从小到大的升序排序。在本例中，预测变量"sepal length"的最小值为4.8，最大值为7.1。排序结果如表2-2所示。

表2-2　按照预测变量var1升序排序后的数据集

序号	sepal length	Target
1	4.8	setosa
2	5.0	setosa
3	5.1	setosa
4	5.1	setosa
5	5.7	versicolor
6	5.7	versicolor
7	6.2	versicolor
8	6.3	virginica
9	6.3	virginica
10	6.4	versicolor
11	6.9	versicolor
12	7.0	versicolor
13	7.1	virginica

② 定义初始区间。按照排序结果定义初始区间，使预测变量"sepal length"的每个不同值均落入一个区间内，这样区间数目就等于不同值的个数。区间边界的选择并没有

固定的规则，只要保证每个不同值落在不同的区间即可。

在本例中，考虑到预测变量值小数点后有一位有效数字，所以为了构建包含变量值的区间，区间左边界为当前变量值减去0.01，区间右边界为下一个变量值减去0.01。如第一个变量值"4.8"，则第一个区间左边界应为：

$$4.8-0.01=4.79$$

由于变量的第二个值为5.0，所以第一个区间的右边界为：

$$5.0-0.01=4.99$$

这样，第一个区间为(4.79, 4.99]。注意，这是一个左开右闭的区间。第二个区间开始于第一个区间的右边界值，结束于第三个变量值减去0.01。这样，第二个区间为(4.99, 5.09]。依次类推，可以得到表2-3所示的全部的变量值和区间对应表。注意：最后一个区间的右边界为变量最大值加0.01。

表2-3 示例数据的区间划分

序号	sepal length	Target	区间
1	4.8	setosa	[4.79,4.99)
2	5.0	setosa	[4.99,5.09)
3	5.1	setosa	[5.09,5.69)
4	5.1	setosa	[5.09,5.69)
5	5.7	versicolor	[5.69,6.19)
6	5.7	versicolor	[5.69,6.19)
7	6.2	versicolor	[6.19,6.29)
8	6.3	virginica	[6.29,6.39)
9	6.3	virginica	[6.29,6.39)
10	6.4	versicolor	[6.39,6.89)
11	6.9	versicolor	[6.89,6.99)
12	7.0	versicolor	[6.99,7.09)
13	7.1	virginica	[7.09,7.11)

注意以上区间均为左闭右开的区间。

这相当于构建了一个定序型预测变量（具有相当多的不同取值）。

③ 统计并生成频数表。统计每个区间中，目标变量的不同类别的频数表，如表2-4所示。

表2-4　预测变量和目标变量交叉分组频数表

序号	sepal length	区间	Target		
			setosa	versicolor	virginica
1	4.8	[4.79,4.99)	1	0	0
2	5.0	[4.99,5.09)	1	0	0
3	5.1	[5.09,5.69)	2	0	0
4	5.7	[5.69,6.19)	0	2	0
5	6.2	[6.19,6.29)	0	1	0
6	6.3	[6.29,6.39)	0	0	2
7	6.4	[6.39,6.89)	0	1	0
8	6.9	[6.89,6.99)	0	1	0
9	7.0	[6.99,7.09)	0	1	0
10	7.1	[7.09,7.11)	0	0	1

④ 计算相邻区间的卡方值，并根据计算结果判断相邻区间是否合并。根据上一个步骤的频数表，构造卡方统计量并计算卡方值。这里略过计算过程，直接给出结果，见表2-5。

表2-5　相邻区间卡方值计算结果

序号	sepal length	区间	Target			卡方值
			setosa	versicolor	virginica	
1	4.8	[4.79,4.99)	1	0	0	
2	5.0	[4.99,5.09)	1	0	0	$3.9999999999999996 \times 10^{-4}$
3	5.1	[5.09,5.69)	2	0	0	$3.9999999999999996 \times 10^{-4}$
4	5.7	[5.69,6.19)	0	2	0	4.0001999999999995
5	6.2	[6.19,6.29)	0	1	0	$3.9999999999999996 \times 10^{-4}$
6	6.3	[6.29,6.39)	0	0	2	3.0002000000000004
7	6.4	[6.39,6.89)	0	1	0	3.0002
8	6.9	[6.89,6.99)	0	1	0	$3.9999999999999996 \times 10^{-4}$
9	7.0	[6.99,7.09)	0	1	0	$3.9999999999999996 \times 10^{-4}$
10	7.1	[7.09,7.11)	0	0	1	2.0002

在这一步需要合并具有最小卡方值的相邻区间。

首先列出具有最小卡方值的相邻区间。在表2-5中，最小卡方值为$3.9999999999999996×10^{-4}$。相邻区间[4.79,4.99)、[4.99,5.09)和[5.09,5.69)（即序号为1，2，3的区间）、相邻区间[6.69,6.19)和[6.19,6.29)（即序号为4，5的区间）以及相邻区间[6.39,6.89)、[6.89,6.99)和[6.99,7.09)（即序号为7，8，9的区间）都具有最小的卡方值。

其次，根据卡方分布的自由度，确定卡方临界值。按照卡方检验的要求，设置显著性水平$\alpha = 0.10$。在上面示例两两相邻卡方统计量计算中，由于行数为2，列数为3，所以自由度=（行数-1）×（列数-1）=（2-1）×（3-1）= 2。根据卡方χ^2分布图可得到卡方临界值为4.605（见图2-3）。

最后，比较最小卡方值与卡方临界值，确定是否可以合并。如果最小卡方值小于卡方临界值，说明预测变量在该相邻区间上的划分对目标变量的取值没有显著影响，可以合并；否则不能合并。

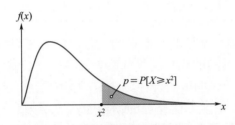

DF	P										
	0.995	0.975	0.20	0.10	0.05	0.025	0.02	0.01	0.005	0.002	0.001
1	0.0000393	0.000982	1.642	2.706	3.841	5.024	5.412	6.635	7.879	9.550	10.828
2	0.0100	0.0506	3.219	4.605	5.991	7.378	7.824	9.210	10.597	12.429	13.816
3	0.0717	0.216	4.642	6.251	7.815	9.348	9.837	11.345	12.838	14.796	16.266
4	0.207	0.484	5.989	7.779	9.488	11.143	11.668	13.277	14.860	16.924	18.467
5	0.412	0.831	7.289	9.236	11.070	12.833	13.388	15.086	16.750	18.907	20.515
6	0.676	1.237	8.558	10.645	12.592	14.449	15.033	16.812	18.548	20.791	22.458
7	0.989	1.690	9.803	12.017	14.067	16.013	16.622	18.475	20.278	22.601	24.322
8	1.344	2.180	11.030	13.362	15.507	17.535	18.168	20.090	21.955	24.352	26.124
9	1.735	2.700	12.242	14.684	16.919	19.023	19.679	21.666	23.589	26.056	27.877
10	2.156	3.247	13.442	15.987	18.307	20.483	21.161	23.209	25.188	27.722	29.588

图2-3 卡方分布图

由于表2-5中的最小卡方值$3.9999999999999996×10^{-4}$远远小于卡方临界值4.605，所以这些相邻区间是可以合并的，合并过程如表2-5中带有颜色的部分。经过合并之后，结果如表2-6所示。这样就完成了第一轮的相邻区间合并的工作，其结果就是生成了新的区间分布。

表2-6　第一步合并结果（序号重新从1排列）

序号	sepal length	区间	Target		
			setosa	versicolor	virginica
1	4.8 5.0 5.1	[4.79,5.69)	4	0	0
2	5.7 6.2	[5.69,6.29)	0	3	0
3	6.3	[6.29,6.39)	0	0	2
4	6.4 6.9 7.0	[6.39,7.09)	0	3	0
5	7.1	[7.09,7.11)	0	0	1

⑤ 基于新的区间分布，重复上一步骤的工作。即基于目标变量的取值和新的区间分布，构造新的两两相邻区间的频数交叉列联表，并分别计算它们的卡方值，并与卡方临界值进行比较，进行新一轮的区间合并。表2-7为基于上一步骤的结果计算的卡方值。

表2-7　新区间中两两相邻区间的卡方值

序号	sepal length	区间	Target			卡方值
			setosa	versicolor	virginica	
1	4.8 5.0 5.1	[4.79,5.69)	4	0	0	7.0001999999999995
2	5.7 6.2	[5.69,6.29)	0	3	0	5.0001999999999995
3	6.3	[6.29,6.39)	0	0	2	5.0001999999999995
4	6.4 6.9 7.0	[6.39,7.09)	0	3	0	4.0001999999999995
5	7.1	[7.09,7.11)	0	0	1	

在表2-7中，最小卡方值为4.0001999999999995。与上一步一样，由于最小卡方值小于卡方临界值4.605，则需要把具有最小卡方值的相邻区间进行合并。

依次类推，循环进行卡方值计算、具有最小卡方值的相邻区间合并，直到最后任何两个相邻的区间无法合并为止，即计算卡方值都不小于临界值为止。最终结果如表2-8所示。

表2-8 示例ChiMerge离散化结果
（此时两个类别之间的卡方值为13.0）

序号	sepal length	区间	Target		
			setosa	versicolor	virginica
1	4.8 5.0 5.1	[4.79,5.69)	4	0	0
2	5.7 6.2 6.3 6.4 6.9 7.0 7.1	[5.69,7.11)	0	6	3

至此连续型预测变量"sepal length"的离散化就完成了。在本例中，该预测变量最后的区间划分为两个，即区间[4.79, 5.69)、区间[5.69, 7.11)。

以上即是连续型变量的ChiMerge离散化方法的过程。对于数据量庞大的训练样本集来说，一个连续型变量的不同取值个数可能会非常多，所以原始区间数目也会非常大，这样计算量也会非常大。在实际应用中，为了减少计算量，提高构建模型的效率，通常采用分位数划分（10分位数划分，4分位数划分等），或者设置最大区间数，通过与等宽区间等方法相结合来实现连续型变量的离散化。

ChiMerge离散化的方法同样可以应用于分类型预测变量和定序型变量不同取值（水平）的合并中。不过需要注意的是：对于分类型特征变量，可以合并任何类别组合；对于定序型特征变量，只能合并相邻的类别。例如，某个特征变量academic（学历），其取值范围为：1-初中，2-高中，3-大专，4-本科，5-硕士，6-博士，如果这个变量为分类型变量，则可能（1-初中，2-高中，5-硕士）合并为一组、（3-大专，4-本科，6-博士）为一组；但是，如果此变量为定序型变量，则只能出现类似（1-初中，2-高中，3-大专，4-本科）为一组、（5-硕士，6-博士）为一组这样的组合，不会出现顺序跨越，不按次序的组合。

最后简要说明一下决策树"剪枝"的问题。经过上面的步骤，可以生成一棵针对训练数据而言非常"完美"的决策树，它充分考虑了所有的数据，但是这样往往是一棵非常复杂的树，强化了噪声数据的作用，极易出现过拟合的问题，同时分支过细，造成树的深度过大，不利于实际使用。所以，在实际应用中，往往需要对决策树进行"剪枝"，通过剪枝，不仅可以使决策树得到简化，变得更加容易理解和使用，同时能够克服噪声数据的影响，避免过拟合问题的出现。所以，剪枝在决策树的生成过程中往往是必不可少的一个步骤。

通常使用的剪枝技术包括预剪枝和后剪枝。预剪枝是在决策树还没有生成之前就限定了树的深度（层数）、父节点和子节点满足最小实例数量等条件，而后剪枝是在树得到充分生长后，基于损失矩阵或复杂度等方法实施剪枝。关于剪枝技术的详细说明，请读者自行查阅相关资料，这里不再赘述。

2.2.2 迭代二叉树ID3

上一节讲述的CHAID（卡方自动交互检验）算法是从特征变量和目标变量的统计关系角度来选择分支变量的，并且以卡方值来度量二者之间的关系强度。卡方值越大，表明它们的统计关系越强，其在算法中的重要性越大，其中重要性最大的特征变量会被选择为根节点的第一个分支变量。所以，CHAID算法的根节点代表的是整个训练样本集合，提供了数据集中所有实例（记录）的摘要。

而本小节讲述的迭代二叉树ID3，以及后面将要介绍的C4.5、CART等算法则是从节点不纯度指标来选择分支变量的。所以，这里我们需要首先介绍一下不纯度和不纯度函数的概念。

一个节点的不纯度（impurity）是度量一个节点的数据集针对目标类别的异质性（heterogeneity，与同质性homogeneity相对应）指标，表示节点的混乱程度。一个节点的不纯度越大，表明节点数据集中目标类别分布越均匀，包含了更多的目标类别，或者说越混乱，节点的纯度越低或同质性越差。很显然，不纯度函数（以$I(X)$表示）应该是目标类别分布概率的函数。函数关系形式如下：

$$I(X)=I\left(\frac{N_1}{N}, \frac{N_2}{N}, \cdots, \frac{N_K}{N}\right)=I(P_1, P_2, \ldots, P_K)$$

式中　　K——目标类别个数；

N——节点数据集中实例个数；

N_i——节点数据集中属于目标类别i的实例个数；$i = 1, 2, \cdots$；

$P_1, P_2, \cdots, P_K$——目标类别i出现的概率，即$p_i = \frac{N_i}{N}$。

不纯度函数有以下几个特点：

✓ 当所有样本都属于同一个目标类别时，此节点的不纯度函数$I(X)$取最小值；

✓ 当所有样本均匀分布，即每个目标类别下样本实例个数相同时，此节点的不纯度函数$I(X)$取最大值；

✓ 不纯度函数对于每个目标类别出现的概率值P_i是对称的；

✓ 一个节点的不纯度函数$I(X)$是一个绝对凸函数。这样能够保证不纯度的变化始终大于0。

在实际应用中，不纯度指标的计算方法有多种，其中最常用的是信息熵（information entropy）和基尼指数（Gini index，也称为基尼系数），实际上方差（variance）也是一种不纯度指标。对于分类问题来说，常用信息熵和基尼Gini指数来度量；对于回归问题来说，一般使用方差来度量。表2-9所示为不纯度指标的描述。

表2-9 不纯度指标的描述

不纯度指标	适合问题	计算公式	描述
信息熵	分类	$\sum_{i=1}^{C}-P_i\log_2 P_i$	C为目标变量的分类数目，P_i为节点中类别i出现的概率，其值等于节点中属于类别i的实例个数占节点总实例个数的比例。
基尼指数	分类	$\sum_{i=1}^{C}P_i(1-P_i)=1-\sum_{i=1}^{C}P_i^2$	
方差	回归	$\dfrac{1}{N}\sum_{i=1}^{N}(y_i-\mu)^2$	y_i是节点中第i个实例目标变量的值，N为节点实例的总数，而μ为目标变量的均值。计算公式：$\mu=\dfrac{1}{N}\sum_{i=1}^{N}y_i$

另外一个常用的指标是信息增益IG（information gain）。信息增益IG是度量父节点与子节点之间不纯度差别的指标，等于父节点的不纯度减去所有子节点权重的不纯度之和，其中每个子节点的权重等于子节点的实例数与父节点实例数的比例。假设一个父节点的数据集D进行的分割s，则信息增益$IG(D,s)$的计算公式如下：

$$IG(D,s)=Impurity(D)-\sum_{i=1}^{K}\left(\dfrac{N_i}{N}\times Impurity(D_i)\right)$$

式中　　K ——子节点的个数；

　　　　N ——父节点中实例个数；

　　　　N_i ——第i个子节点中的数据集D_i的实例个数；

　　　　D_i ——子第i个子节点中的数据集。

信息增益$IG(D,s)$也称为不纯度的减少（Impurity reduction）。一个较好的分割将使子节点具有更小的不纯度（即目标类别更加"单纯"），趋向更加条理，更具同质性，也就是说不纯度的减少越大越好。所以在构造决策树的时候，信息增益$IG(D,s)$最大的预测变量将会被选为当前节点的分支变量。如果信息熵等于0，或者信息增益小于一个给定阈值，则不再进行进一步的分割，当前节点就是叶子节点。在迭代二叉树ID3算法中，不纯度指标使用的是信息熵$H(D)$。

迭代二叉树ID3算法是J. Ross Quinlan于1975年由提出的决策树生成算法，它使用信息熵作为不纯度指标，利用信息增益作为节点划分的标准。虽然这种算法的名称是"迭代二叉树"，但是它与CHAID算法一样，同样支持多分支决策树的生成。下面我们以例子的形式，详细讲解ID3算法的计算流程。本例将使用表2-10中的数据集，构建一个决策树模型，以便能够对新的数据进行评分应用。

在本示例数据集中，一共有14天的数据，包括4个分类型预测变量和一个分类型目标变量。其中预测变量分别是*Outlook*（天气状况）、*Temperature*（气温）、*Humidity*（空气湿度）和 *Wind*（风力），目标变量为 *Decision*（决定是否去打网球，Yes 为去打网球，No 为不去打网球）。

表2-10 ID3算法使用的样本数据

Day	Outlook	Temperature	Humidity	Wind	Decision
1	Sunny	Hot	High	Weak	No
2	Sunny	Hot	High	Strong	No
3	Overcast	Hot	High	Weak	Yes
4	Rain	Mild	High	Weak	Yes
5	Rain	Cool	Normal	Weak	Yes
6	Rain	Cool	Normal	Strong	No
7	Overcast	Cool	Normal	Strong	Yes
8	Sunny	Mild	High	Weak	No
9	Sunny	Cool	Normal	Weak	Yes
10	Rain	Mild	Normal	Weak	Yes
11	Sunny	Mild	Normal	Strong	Yes
12	Overcast	Mild	High	Strong	Yes
13	Overcast	Hot	Normal	Weak	Yes
14	Rain	Mild	High	Strong	No

第一步，计算根节点的信息熵。

基于 ID3 算法的决策树与 CHAID 算法一样，根节点代表的是整个训练样本集合，提供了数据集中所有实例（记录）的摘要，所以我们首先要先计算根节点的信息熵。

按照表 2-9 信息熵的计算公式可知根节点的信息熵，以 $H(Decision)$ 表示，其中 *Decision* 表示目标变量。计算公式为：

$$H(Decision) = -(P(Yes) \times \log_2 P(Yes) + P(Yes) \times \log_2 P(Yes))$$

即：

$$H(Decision) = -\left(\frac{9}{14} \times \log_2 \frac{9}{14} + \frac{5}{14} \times \log_2 \frac{5}{14}\right) = 0.940$$

第二步，根据信息增益公式，分别计算在以某个预测变量为分支变量时的信息增益值。

在这一步中，将依次计算每一个预测变量的信息增益值，即假设按照某个预测变量作为分支变量的情况下，计算其信息增益值。

在本例中，共有 4 个预测变量：*Outlook*（天气状况）、*Temperature*（气温）、*Humidity*（空气湿度）和 *Wind*（风力）。我们先假定以 *Wind*（风力）这个预测变量作为分支变量，计算其信息增益值。

预测变量 Wind（风力）为一个分类型变量，有两个取值：Weak（微风）、Strong（大风），按照这个分支方式，根节点应该分为两个子节点，其中一个节点的样本实例的预测变量 Wind（风力）均取值 Weak（微风），另一个节点的样本实例的预测变量 Wind（风力）均取值 Strong（大风）。所以，按照上面信息增益的公式，需要首先计算每个子节点的信息熵。

对于第一个子节点，预测变量 Wind = Weak 时的样本实例如表2-11所示。

表2-11 预测变量 Wind = Weak 时节点的数据

Day	Outlook	Temperature	Humidity	Wind	Decision
1	Sunny	Hot	High	Weak	No
3	Overcast	Hot	High	Weak	Yes
4	Rain	Mild	High	Weak	Yes
5	Rain	Cool	Normal	Weak	Yes
8	Sunny	Mild	High	Weak	No
9	Sunny	Cool	Normal	Weak	Yes
10	Rain	Mild	Normal	Weak	Yes
13	Overcast	Hot	Normal	Weak	Yes

这个子节点的信息熵计算公式和根节点计算公式一样，计算过程如下：

$$H(Decision|Wind=Weak) = -(P(Yes) \times \log_2 P(Yes) + P(Yes) \times \log_2 P(Yes))$$

即：

$$H(Decision|Wind=Weak) = -\left(\frac{2}{8} \times \log_2 \frac{2}{8} + \frac{6}{8} \times \log_2 \frac{6}{8}\right) = 0.811$$

同样的，对于第二个子节点，预测变量 Wind = Strong 时的样本实例如表2-12所示。

表2-12 预测变量 Wind = Strong 时节点的数据

Day	Outlook	Temperature	Humidity	Wind	Decision
2	Sunny	Hot	High	Strong	No
6	Rain	Cool	Normal	Strong	No
7	Overcast	Cool	Normal	Strong	Yes
11	Sunny	Mild	Normal	Strong	Yes
12	Overcast	Mild	High	Strong	Yes
14	Rain	Mild	High	Strong	No

这个子节点的信息熵计算公式和根节点计算公式一样，计算过程如下：

$$H(Decision|Wind=Strong)=-(P(Yes)\times\log_2 P(Yes)+P(Yes)\times\log_2 P(Yes))$$

即：

$$H(Decision|Wind=Strong)=-\left(\frac{3}{6}\times\log_2\frac{3}{6}+\frac{3}{6}\times\log_2\frac{3}{6}\right)=1.0$$

至此，全部两个子节点的信息熵已经计算完毕，下面我们计算假设以预测变量 Wind（风力）为分支变量的情况下的信息增益值。计算公式为：

$$\begin{aligned}&IG(Decision|Wind)\\&=H(Decision)-[P(decision|Wind=Weak)\times H(Decision|Wind=Weak)\\&+P(Decision|Wind=Strong)\times H(Decision|Wind=Strong)]\\&=0.940-\left[\frac{8}{14}\times 0.811+\frac{6}{14}\times 1.0\right]=0.048\end{aligned}$$

这样，在以预测变量 Wind（风力）为分支变量的情况下的信息增益值为 0.048。为了能够比较，从而选择出最优的分支变量，我们还需要分别计算以预测变量 Humidity（空气湿度）、Temperature（气温）以及 Outlook（天气状况）为分支变量的情况下，它们的信息增益值。由于计算过程和上面一样，所以这里省略计算过程。最终结果如下：

$$IG(Decision|Humidity)=0.151$$
$$IG(Decision|Temperature)=0.029$$
$$IG(Decision|Outlook)=0.246$$

第三步，根据计算的信息增益值，选择最重要的分支变量。

根据第二步的计算结果，我们选择信息增益值 IG 最大的变量作为分支变量。从上面的结果可知，在预测变量 Outlook（天气状况）作为分支变量的情况下，其信息增益值最大，所以这里选择预测变量 Outlook（天气状况）作为根节点的分支变量。这部分的决策树如图 2-4 所示。

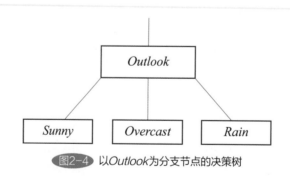

图 2-4　以 Outlook 为分支节点的决策树

第四步，重复以上步骤，构建完整的决策树。

如果在一个子节点中，所有样本实例的目标变量的取值都相同，则无需进行进一步的分割了，此子节点即为叶子节点。如果所有样本实例的目标变量的取值仍有不同，则需要重复以上步骤，寻找最优分支变量，进行更进一步的分割，最终生成一个完整的决策树。

第五步，剪枝。

ID3算法同样也会遇到决策树深度过大，或者过拟合的问题，解决方法在上面已经讲过，这里不再赘述。

2.2.3 分类器C4.5和C5.0

分类器C4.5是迭代二叉树ID3算法的升级版本，是对ID3算法的修改和完善。所以，C4.5和C5.0同样支持多分支决策树。

C4.5和C5.0算法主要对ID3算法的以下缺点进行了完善：

➢ ID3不能处理连续型变量，一定程度上限制了ID3算法的应用场景；

➢ ID3采用信息增益最大作为分支变量的选择规则，而这种规则有个缺点：在相同条件下，取不同值个数较多的预测变量（高分支变量）比取不同值个数较少的预测变量（低分支变量）信息增益要大，也就是说，这个规则会偏向与选择取值数较多的预测变量，这个问题需要校正；

➢ ID3算法无法对缺失值进行处理；

➢ ID3算法无法对噪声数据进行处理，往往会导致过拟合的问题。

由于ID3算法存在以上不足，它的发明者J. Ross Quinlan对其进行了完善，并命名为分类器C4.5。读者也许好奇：为什么不命名为ID4或者ID5呢？一种说法是由于当时决策树研究非常火爆，ID3算法提出后，其他研究员很快以ID4、ID5命名各自的算法了，所以J. Ross Quinlan为了区别，以C4.0命名自己的对ID3完善的版本，表示Classifer 4.0（分类器4.0）的意思。随后不久便发布了目前非常流行的C4.5版本，而C5.0是C4.5的商用版本，在算法原理上是一致的，但是在性能上有所提升。

在C4.5算法中，不再使用信息增益作为分支变量的选择标准，而是使用信息增益比IGR（Information gain ratio）指标，也称为信息增益率。它的目的是试图避免ID3算法中采用信息增益最大作为分支变量选择的缺点。其计算公式如下：

$$信息增益比 IGR = 补偿因子 \times 信息增益 IG$$

从这个公式可以看出，信息增益比IGR是对信息增益IG的修正，修正因子称为补偿因子。补偿因子将考虑预测变量取不同值个数的影响，通常等于预测变量内在信息熵IIE（Intrinsic information entropy）的倒数。所谓"内在信息熵"是指在一个数据集D（父节点）中，实例在预测变量不同取值（分支）下分布的熵值（以表示），所以其计算公式为：

$$H_A = \sum_{i=1}^{K} \left(\frac{N_i}{N} \times \log_2 \frac{N_i}{N} \right)$$

式中　　N —— 数据集D中实例个数；

N_i—— 特征变量取第i个不同值时对应的实例个数；

K —— 特征变量取不同值的个数。

从以上公式可以看出，内在信息熵是与特征变量取不同值的个数成正比的，而补偿因子是内在信息熵的倒数，所以补偿因子有时也称为惩罚因子。这样，信息增益比IGR的公式变为：

$$IGR = \frac{1}{H_A} \times IG = \frac{IG}{H_A}$$

下面我们仍然以例子的形式，详细讲解C4.5算法的计算流程。本例使用的数据与上一节ID3算法使用的数据集基本相同，共有14天的数据，包括四个预测变量和一个目标变量。但是其中预测变量$Temperature$（气温）、$Humidity$（空气湿度）不再是分类型变量，而是连续型变量。因为C4.5算法不仅可以处理分类型变量，同样也可以处理连续型变量。样本数据如表2-13所示。

表2-13　C4.5算法使用的样本数据

Day	Outlook	Temperature	Humidity	Wind	Decision
1	Sunny	85	85	Weak	No
2	Sunny	80	90	Strong	No
3	Overcast	83	78	Weak	Yes
4	Rain	70	96	Weak	Yes
5	Rain	68	80	Weak	Yes
6	Rain	65	70	Strong	No
7	Overcast	64	65	Strong	Yes
8	Sunny	72	95	Weak	No
9	Sunny	69	70	Weak	Yes
10	Rain	75	80	Weak	Yes
11	Sunny	75	70	Strong	Yes
12	Overcast	72	90	Strong	Yes
13	Overcast	81	75	Weak	Yes
14	Rain	71	80	Strong	No

第一步，计算根节点的信息熵。

基于C4.5算法的决策树与ID3算法一样，根节点代表的是整个训练样本集合，提供了数据集中所有实例（记录）的摘要。所以，我们首先要先计算根节点的信息熵。

按照表2-9信息熵的计算公式，可知根节点的信息熵，以$H(Decision)$表示，其中

Decision 表示目标变量。计算公式为：

$$H(Decision)=-(P(Yes)\times\log_2 P(Yes)+P(Yes)\times\log_2 P(Yes))$$

即：

$$H(Decision)=-\left(\frac{9}{14}\times\log_2\frac{9}{14}+\frac{5}{14}\times\log_2\frac{5}{14}\right)=0.940$$

第二步，计算分类型预测变量的信息增益比 *IGR*。

C4.5 算法即可以处理分类型预测变量，也可以处理连续型预测变量。这一步的任务是处理分类型预测变量。

在这一步中，依次计算每一个分类型预测变量的信息增益比，即假设按照某个分类型预测变量作为分支变量的情况下，计算其信息增益比 *IGR*。在本例数据中有两个分类型预测变量：预测变量 *Wind*（风力）、*Outlook*（天气状况）。

我们知道，信息增益比 *IGR* 是信息增益 *IG* 与内在信息熵的比率。在上面描述 ID3 算法时，已经详细描述了信息增益的计算过程，所以这里我们将简要描述信息增益比 *IGR* 的计算过程。

参考上面 ID3 算法的计算过程，预测变量 *Wind*（风力）的信息增益为：

$$IG(Decision|Wind)=H(Decision)-[P(Decision|Wind=Weak)\times H(Decision|Wind=Weak)\\+P(Decision|Wind=Strong)\times H(Decision|Wind=Strong)]$$

$$=0.940-\left[\frac{8}{14}\times 0.811+\frac{6}{14}\times 1.0\right]=0.048$$

预测变量 *Wind*（风力）的内在信息熵

$$H_A(Decision|Wind)=-\left(\frac{8}{14}\times\log_2\frac{8}{14}+\frac{6}{14}\times\log_2\frac{6}{14}\right)=0.985$$

则预测变量 *Wind*（风力）的信息增益比为：

$$IGR(Decision|Wind)=\frac{IG(Decision|Wind)}{H_A(Decision|Wind)}=\frac{0.048}{0.985}=0.049$$

同样可以计算出预测变量 *Outlook*（天气状况）的信息增益比为：

$$IGR(Decision|Outlook)=\frac{IG(Decision|Outlook)}{H_A(Decision|Outlook)}=\frac{0.246}{1.577}=0.155$$

至此，我们已经对分类型预测变量的信息增益比全部计算完毕，下面一个步骤将讲述如何计算连续型预测变量的信息增益比。

第三步，计算连续型预测变量的信息增益比 *IGR* 之值。

在这一步中，将依次计算每一个连续型预测变量的信息增益比，即假设按照某个连续型预测变量作为分支变量的情况下，计算其信息增益比 *IGR*。在本例数据中有两个连续型预测变量：预测变量 *Humidity*（空气湿度）、*Temperature*（气温）。

首先需要把连续型变量转换为分类型变量。C4.5算法通过一个阈值把一个连续型变量一分为二，小于等于阈值为一个类别，大于阈值为一个类别。而阈值选择的要求是：这样的划分使得这个预测变量具有最大的信息增益 IG（注意：不是信息增益比 IGR）。

为了获得这个阈值，C4.5算法采用的办法是从预测变量最小值开始，迭代计算全部信息增益 IG，直到最大值迭代结束。最终选择信息增益 IG 最大的取值作为阈值，进而可对连续型变量一分为二，实现从连续型变量到分类型变量的转换。

这里我们以预测变量 Humidity（空气湿度）为例说明 C4.5 如何计算连续型预测变量的信息增益比 IGR。计算步骤如下：

① 首先对预测变量 Humidity（空气湿度）进行升序排序，如表2-14所示，表中只显示了和 Humidity（空气湿度）有关的部分数据。

表2-14　预测变量Humidity（空气湿度）排序后数据

day	Humidity	Decision
7	65	Yes
6	70	No
9	70	Yes
11	70	Yes
13	75	Yes
3	78	Yes
5	80	Yes
10	80	Yes
14	80	No
1	85	No
2	90	No
12	90	Yes
8	95	No
4	96	Yes

② 循环测试预测变量 Humidity（空气湿度）的每个值（从最小值到最大值）。首先选择预测变量 Humidity（空气湿度）的最小值（65），并按照最小值把样本实例分成两部分：一部分小于等于最小值（65），另一部分大于最小值（65），并按照这种划分，计算信息增益和信息增益比。

➢ 小于等于最小值（65）部分的信息熵和信息增益：

$$H(Decision|Humidity<=65)=-(P(Yes)\times\log_2 P(Yes)+P(Yes)\times\log_2 P(Yes))$$

即：

$$H(Decision|Humidity<=65)=-\left(\frac{1}{1}\times\log_2\frac{1}{1}+\frac{0}{1}\times\log_2\frac{0}{1}\right)=0.0$$

▶ 大于最小值（65）部分的信息熵和信息增益：

$$H(Decision|Humidity>65)=-(P(Yes)\times\log_2 P(Yes)+P(Yes)\times\log_2 P(Yes))$$

即：

$$H(Decision|Humidity>65)=-\left(\frac{8}{13}\times\log_2\frac{8}{13}+\frac{5}{13}\times\log_2\frac{5}{13}\right)=0.961$$

▶ 计算出信息增益 IG 为：

$$IG(Decision|Humidity)=H(Decision)-[P(Decision|Humidity<=65)\times H(Decision|Humidity<=65)$$
$$+P(Decision|Humidity>65)\times H(Decision|Humidity>=65)]$$
$$=0.940-\left[\frac{1}{14}\times 0.0+\frac{13}{14}\times 0.961\right]=0.048$$

▶ 此时预测变量 $Humidity$（空气湿度）的内在信息熵为：

$$H_A(Decision|Humidity)=-\left(\frac{1}{14}\times\log_2\frac{1}{14}+\frac{13}{14}\times\log_2\frac{13}{14}\right)=0.371$$

▶ 预测变量 $Humidity$（空气湿度）的信息增益比为：

$$IGR(Decision|Humidity)=\frac{IG(Decision|Humidity)}{H_A(Decision|Humidity)}=\frac{0.048}{0.371}=0.126$$

所以，在以预测变量 $Humidity$（空气湿度）的最小值（65）为划分阈值时，它的信息增益比为0.126。

然后依次循环预测变量 $Humidity$（空气湿度）的每个取值，分别计算其信息增益比。最后的计算结果如表2-15所示。

表2-15 预测变量 $Humidity$（空气湿度）计算的信息增益和信息增益比

序号	Humidity	信息增益 IG	信息增益比 IGR
1	65	0.048	0.126
2	70	0.014	0.016
3	75	0.045	0.047
4	78	0.090	0.090
5	80	0.101	0.107
6	85	0.024	0.027
7	90	0.010	0.016
8	95	0.048	0.128
9	96	—	—

注意：表2-15中对 $Humidity = 96$（最大值）的情况没有计算信息增益和信息增益比，因为此时已经没有大于最大值（96）的样本实例了。

从表2-15可以看出，当预测变量 *Humidity*（空气湿度）取值80的时候，信息增益 *IG* 达到最大。这意味着在与其他预测变量进行对比、选择最优分支变量的时候，对预测变量 *Humidity*（空气湿度）的划分阈值应该是 *80*。此时：

$$IG(Decision|Humidity) = 0.101$$

$$IGR(Decision|Humidity) = 0.107$$

针对预测变量 *Temperature*（气温）可以采用同样的步骤，得出当其取值83时，其信息增益 *IG* 达到最大时，结果是：

$$IG(Decision|Temperature) = 0.113$$

$$IGR(Decision|Temperature) = 0.305$$

第三步，根据上面第二步、第三步计算的结果，选择最重要的分支变量。汇总上面计算的结果如表2-16所示。

表2-16　所有预测变量计算结果

预测变量	信息增益 *IG*	信息增益比 *IGR*
Wind	0.049	0.049
Outlook	0.246	0.155
Humidity（80）	0.101	0.107
Temperature（83）	0.113	0.305

根据表2-16，按照C4.5算法的规则，选择信息增益比最大的预测变量为当前最优分支变量。所以，这里选择预测变量 *Temperature*（气温）作为分支变量（它以阈值83一分为二，转换为分类型变量）。这部分的决策树将如图2-5所示。

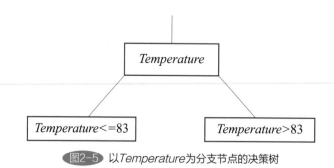

图2-5　以 *Temperature* 为分支节点的决策树

第四步，重复以上步骤，构建完整的决策树。

如果在一个子节点中，所有样本实例的目标变量的取值都相同，则无需进行进一步的分割了，此子节点即为叶子节点。如果所有样本实例的目标变量的取值仍有不同，则需要重复以上步骤，寻找最优分支变量，进行更进一步的分割，最终生成一个完整的决策树。

第五步，剪枝。

C4.5算法同样也会遇到决策树深度过大，或者过拟合的问题，解决方法在上面已经简要讲述过，这里不再赘述。

2.2.4　分类与回归树算法CART

分类回归树算法CART是由Breiman、Friedman、OlShen和Stone于1984年提出的，是一个原理简单、效果强大的决策树算法。从名称上就可以看出，这种算法既可以解决分类问题，也可以完成回归预测。当目标变量是连续型变量时，该算法会生成一棵回归树，利用叶子节点中目标变量的均值（或中位值）作为新数据的预测值；当目标变量是分类型或定序型变量时，该算法将生成一棵分类树，用于对新数据的分类。与前面讲述的CHAID、ID3、C4.5等算法不同，CART算法是一种二叉树，即每一个非叶子节点只能有两个子节点（两个分支），所以当某个分类型分支变量的不同值（水平）个数多于2个时，该预测变量就有可能被多次使用。

在创建决策树的时候，CART算法使用基尼系数 $Gini$ 作为选择最优分支变量的度量指标。基尼系数也是一种表示数据集 D 的不纯度指标，体现了数据集的不确定性，用 $Gini(D)$ 表示。基尼系数越大，表示数据集 D 的不确定性越大。在前面讲述ID3算法的时候，我们已经提到过基尼系数的计算公式：对于数据集 D，其基尼系数的公式如下：

$$Gini(D)=\sum_{i=1}^{C}(p_i(1-p_i))=1-\sum_{i=1}^{C}p_i^2$$

式中，C 为目标变量的分类数目；p_i 为节点中类别 i 出现的概率，其值等于节点中属于类别 i 的实例个数占节点总实例个数的比例。

类似地，对于数据集 D，在按照一个预测变量 A 进行分支后的基尼系数［以 $Gini(D)$ 表示］等于子节点权重的基尼系数之和，其中每个子节点的权重等于子节点的实例数与父节点实例数的比例。其计算公式如下：

$$Gini(D, A)=\sum_{i=1}^{K}\left(\frac{N_i}{N}\times Gini(D_i)\right)$$

式中　　K ——预测变量 A 取不同值的个数；
　　　　N ——数据集 D 中实例的个数；
　　　　N_i ——第 i 个子节点的数据集的实例个数；
　　　　D_i ——第 i 个子节点的数据集。

在CART算法中，最优分支变量将具有最小的基尼系数 $Gini(D,A)$ 值，也就是子节点的分割使父节点的基尼系数变化最大。

与迭代二叉树ID3算法中的信息增益 IG 指标类似，CART算法中也有一个基尼增益（Gini gain）的指标。这个指标同样也是度量父节点与子节点之间不纯度差别的指标，等于父节点的不纯度减去所有子节点权重的不纯度之和，其中每个子节点的权重等于子节点的实例数与父节点实例数的比例。

假设一个父节点的数据集 D 进行的分割 s，则基尼增益 $GG(D,s)$ 的计算公式如下：

$$GG(D, s) = Impurity(D) - \sum_{i=0}^{K}\left(\frac{N_i}{N} \times Impurity(D_i)\right)$$

式中　K ——子节点的个数；
　　　N ——父节点中实例个数；
　　　N_i ——第 i 个子节点中的数据集 D_i 的实例个数；
　　　D_i ——子第 i 个子节点中的数据集。

同信息增益指标一样，基尼增益 $GG(D,s)$ 也是度量不纯度的减少的指标。一个较好的分割能使子节点具有更小的不纯度（即目标类别更加"单纯"），趋向更加条理，更具同质性，也就是说不纯度的减少越大越好。所以，在构造决策树的时候，基尼增益 $GG(D,s)$ 最大的预测变量将会被选为当前节点的分支变量。在 CART 算法中，不纯度指标使用的是基尼系数 $Gini(D)$。对于一个分支变量 A 来说，其基尼增益公式如下：

$$GG(D, s) = Gini(D) - Gini(D, A)$$

同其他决策树算法一样，CART 算法同样需要对连续型变量进行离散化处理。处理的方法类似于卡方自动交互检验 CHAID 算法中的方式，只是考虑到 CART 决策树是二叉树，每次迭代计算仅进行二元分类。对于连续性变量，方法是首先进行升序排序（去重），依次计算相邻两元素值的中位数，以中位数将数据集一分为二，计算以该点作为分割点时的基尼值较分割前的基尼值下降程度，并选择基尼增益 $GG(D,s)$ 最大值对应的点为最优分割点。

对于具有多分类的分类型变量和定序型变量的处理方式与 CHAID 算法的处理方式类似，只是需要考虑到 CART 决策树是二叉树，仅需要进行二元分割。具体步骤，这里不再举例说明了。

CART 算法中最重要的仍然是分支变量的选择和剪枝，其总体步骤如下：
① 确定训练数据：包含一个目标变量和一个预测变量列表；
② 对预测变量进行最佳分割：对每一个预测变量，根据变量类型（分类型或连续型），采取不同的方法分别计算不同组合的基尼系数，确定最佳分割点（二分叉）；
③ 选择最佳分支预测变量：根据计算的基尼系数，确定最佳分支变量；
④ 迭代分支：循环执行上述第二步和第三步，直到满足停止条件；
⑤ 剪枝：对决策树进行必要的剪枝。

2.3 决策树模型元素

在 PMML 规范中，使用元素 TreeModel 来标记决策树模型。一个决策树模型除了包含所有模型通用的模型属性以及子元素 MiningSchema、Output、ModelStats、

LocalTransformations和ModelVerification等共性部分外,还包括决策树模型特有的属性和子元素。各种模型共性的内容请参见笔者的另一本书《PMML建模标准语言基础》,这里将主要介绍决策树模型特有的部分。

以下两点是决策树模型特有的内容:

① 决策树模型特有的属性(missingValueStrategy、missingValuePenalty等)。

② 节点子元素Node。

在PMML规范中,决策树模型由元素TreeModel表达,它的定义如下:

```
1.  <xs:element name="TreeModel">
2.    <xs:complexType>
3.      <xs:sequence>
4.        <xs:element ref="Extension" minOccurs="0" maxOccurs="unbounded"/>
5.        <xs:element ref="MiningSchema"/>
6.        <xs:element ref="Output" minOccurs="0"/>
7.        <xs:element ref="ModelStats" minOccurs="0"/>
8.        <xs:element ref="ModelExplanation" minOccurs="0"/>
9.        <xs:element ref="Targets" minOccurs="0"/>
10.       <xs:element ref="LocalTransformations" minOccurs="0"/>
11.       <xs:element ref="Node"/>
12.       <xs:element ref="ModelVerification" minOccurs="0"/>
13.       <xs:element ref="Extension" minOccurs="0" maxOccurs="unbounded"/>
14.     </xs:sequence>
15.     <xs:attribute name="modelName" type="xs:string"/>
16.     <xs:attribute name="functionName" type="MINING-FUNCTION" use="required"/>
17.     <xs:attribute name="algorithmName" type="xs:string"/>
18.     <xs:attribute name="missingValueStrategy"
19.                   type="MISSING-VALUE-STRATEGY" default="none"/>
20.     <xs:attribute name="missingValuePenalty" type="PROB-NUMBER" default="1.0"/>
21.     <xs:attribute name="noTrueChildStrategy"
22.                   type="NO-TRUE-CHILD-STRATEGY" default="returnNullPrediction"/>
23.     <xs:attribute name="splitCharacteristic" default="multiSplit">
24.       <xs:simpleType>
25.         <xs:restriction base="xs:string">
26.           <xs:enumeration value="binarySplit"/>
27.           <xs:enumeration value="multiSplit"/>
```

```
28.            </xs:restriction>
29.        </xs:simpleType>
30.      </xs:attribute>
31.      <xs:attribute name="isScorable" type="xs:boolean" default="true"/>
32.    </xs:complexType>
33.</xs:element>
```

一个决策树模型元素TreeModel可以包含任何数量的节点子元素Node，这些节点子元素共同组成了一棵完整的决策树。

2.3.1 模型属性

任何一个模型都可以包含modelName、functionName、algorithmName和isScorable四个属性，其中属性functionName是必选的，其他三个属性是可选的。它们的含义请参考第一章神经网络模型的相应部分，此处不再赘述。

对于决策树模型来说，属性functionName = "classification"或者"regression"。

决策树模型除了可以具有上面几个所有模型共有的属性外，还具有缺失值处理策略属性missingValueStrategy、缺失值惩罚因子missingValuePenalty、评分异常终止策略属性noTrueChildStrategy、节点分叉特性属性splitCharacteristic。

（1）缺失值处理策略属性missingValueStrategy

可选属性。此属性指定了一种处理缺失值的策略，它是一个类型为MISSING-VALUE-STRATEGY的值。即在对新数据进行评分过程中，如果一个节点的分支变量是缺失值，导致这个节点的谓词表达式的结果为未知（UNKNOWN）时，模型应当采取的策略。此属性的默认值为"none"。这里我们详细说明一下MISSING-VALUE-STRATEGY类型，其定义如下：

```
1.<xs:simpleType name="MISSING-VALUE-STRATEGY">
2.   <xs:restriction base="xs:string">
3.       <xs:enumeration value="lastPrediction"/>
4.       <xs:enumeration value="nullPrediction"/>
5.       <xs:enumeration value="defaultChild"/>
6.       <xs:enumeration value="weightedConfidence"/>
7.       <xs:enumeration value="aggregateNodes"/>
8.       <xs:enumeration value="none"/>
9.   </xs:restriction>
10.</xs:simpleType>
```

这是一个枚举类型组成的简单数据类型，每一个枚举值代表了一种对于缺失值的处理策略，它们的含义如下：

➢ lastPrediction：评分过程中，如果一个节点的谓词表达式的结果为UNKNOWN（由缺失值造成的），则停止评分，最终预测结果为最近获胜的节点，返回当前节点。

➢ nullPrediction：评分过程中，如果一个节点的谓词表达式的结果为UNKNOWN（由缺失值造成的），则停止评分，返回评分无效的结果。

➢ defaultChild：评分过程中，如果一个节点的谓词表达式的结果为UNKNOWN（由缺失值造成的），则评分过程转向节点的属性defaultChild（后面将会讲到）指定的子节点，并在此基础上继续进行评分过程。

➢ weightedConfidence：评分过程中，如果一个节点的谓词表达式的结果为UNKNOWN（由缺失值造成的），则后续评分过程如下：计算本节点目标变量每个类别值的置信度，以及其同级节点中目标变量每个类别值的置信度（排除谓词表达式结果为FALSE的节点），以每个类别值在计算节点中样本数据所占比例为权重，求和计算得出每个类别值对应的最后置信度，最后返回权重置信度最大的目标类别。需要注意的是，weightedConfidence可能会引起递归调用（由于其他同级节点的谓词表达式结果也可能为UNKNOWN）。

➢ aggregateNodes：评分过程中，如果一个节点的谓词表达式的结果为UNKNOWN（由缺失值造成的），则后续评分过程如下：认为本节点的谓词表达式的结果为TRUE，并继续进行评分过程。并以此种方式继续完成后续的评分，直至到达叶子节点。此过程将对到达的所有叶子节点都进行聚合，以便对于每个叶子节点的ScoreDistribution子元素的value属性值对应的recordCount属性值进行累加。最终结果是累加和最大值对应的value类别值。这种策略的使用需要所有叶子节点都具有ScoreDistribution子元素。

➢ none：直接与缺失值进行比较（而不是检查缺失值），所以谓词逻辑表达式的结果总是FALSE。在这种情况下，如果没有触发对应的规则，则使用属性noTrueChildStrategy（下面会讲到）的值来确定最后的结果。这个选项要求在评估完节点上的所有规则后处理缺失的值。注意：与lastPrediction不同，在第一次发现由于缺失值而无法确定谓词表达式的结果时，会继续进行评估过程，而不是立即停止。

注意：如果分支变量的缺失值已经在谓词表达式中进行了处理，则不会触发missingValueStrategy指定的缺失值处理流程。例如，如果一个复合谓词表达式包含了代理操作符surrogate，或者包含了比较操作符isMissing或者isNotMissing，那么在这样的谓词表达式中，即使分支变量的值为缺失值，其最终结果也有可能是TRUE或者FALSE，而不是UNKNOWN。

（2）缺失值惩罚因子missingValuePenalty

可选属性。当评分过程中，当需要对缺失值进行某种处理时，此属性指定作用于置信度上的一个惩罚因子，最终的置信度将等于计算的置信度乘以这个惩罚因子。此属性的默认值为1.0。对于使用了代理操作符surrogate或者defaultChild策略（由属性missingValueStrategy指定）的节点来说，其计算的置信度必须乘以这个惩罚因子。

（3）评分异常终止策略属性noTrueChildStrategy

可选属性。这是一个类型为NO-TRUE-CHILD-STRATEGY的属性。在评分应用过程中，如果一个节点的所有子节点的谓词表达式的结果都为FALSE，并且设置的缺失值处理策略都没有被触发，这种情况将导致评分过程的异常。在这种情况下，属性noTrueChildStrategy将决定评分过程的走向。默认值为returnNullPrediction。类型NO-TRUE-CHILD-STRATEGY的定义如下：

```xml
1.<xs:simpleType name="NO-TRUE-CHILD-STRATEGY">
2.    <xs:restriction base="xs:string">
3.        <xs:enumeration value="returnNullPrediction"/>
4.        <xs:enumeration value="returnLastPrediction"/>
5.    </xs:restriction>
6.</xs:simpleType>
```

这是一个枚举类型组成的简单数据类型，每一个枚举值代表了一种评分异常终止的处理策略，它们的含义如下：

➢ returnNullPrediction：直接返回无效评分结果（这是默认值）。

➢ returnLastPrediction：如果节点设置了score属性，则返回属性score的值；否则返回无效评分结果。

请看下面一个代码片段。

```xml
1.<Node id="N1" score="0">
2.    <True/>
3.    <Node id="T1" score="1">
4.        <SimplePredicate field="prob1" operator="greaterThan" value="0.33"/>
5.    </Node>
6.</Node>
```

在这个例子中，当评分过程到达节点N1（由元素Node的属性id设置）时，如果被评分的数据字段prob1的值小于等于0.33，并且模型的属性noTrueChildStrategy设置为returnNullPrediction，则直接返回无效的评分结果；如果设置为returnLastPrediction，则返回本节点N1的属性score的类别值（0）。

我们将在下一章节中详细讲述节点元素Node。

（4）节点分叉特性属性 splitCharacteristic

可选属性。此属性指明了非叶子节点是否正好有两个子节点（二分叉决策树），或者子节点的数量不受限制。可以取值 multiSplit，或者 binarySplit（二分叉）。默认值为 multiSplit。

2.3.2 模型子元素

决策树模型元素 TreeModel 包含一个特有的子元素 Node，一个 Node 元素代表了一个节点，可以是根节点、内部节点或者叶子节点。

在 PMML 规范中，元素 Node 的定义如下：

```
1.<xs:element name="Node">
2.    <xs:complexType>
3.        <xs:sequence>
4.            <xs:element ref="Extension" minOccurs="0" maxOccurs="unbounded"/>
5.            <xs:group ref="PREDICATE"/>
6.            <xs:choice>
7.                <xs:sequence>
8.                    <xs:element ref="Partition" minOccurs="0"/>
9.                    <xs:element ref="ScoreDistribution" minOccurs="0" maxOccurs="unbounded"/>
10.                    <xs:element ref="Node" minOccurs="0" maxOccurs="unbounded"/>
11.                </xs:sequence>
12.                <xs:group ref="EmbeddedModel"/>
13.            </xs:choice>
14.        </xs:sequence>
15.        <xs:attribute name="id" type="xs:string"/>
16.        <xs:attribute name="score" type="xs:string"/>
17.        <xs:attribute name="recordCount" type="NUMBER"/>
18.        <xs:attribute name="defaultChild" type="xs:string"/>
19.    </xs:complexType>
20.</xs:element>
```

从上面的定义可以看出，元素 Node 可以包含一个谓词组元素 PREDICATE，以及一个由分区子元素 Partition、评分数据分布元素 ScoreDistribution 及子节点元素 Node 组成的序列组成，或者由一个谓词组元素 PREDICATE 和一个嵌入模型元素 EmbeddedModel 组成。这个元素包含了唯一 ID 属性 id、评分预测值属性 score、节点记录数量属性

recordCount以及默认处理节点标识属性defaultChild等四个属性。首先看一下元素Node的四个属性：

● 唯一ID属性id：可选属性。这个属性用来唯一标识一个节点，其内容可以是任何一个字符串，只要在树模型中唯一即可。例如，属性id的值可以是1,2,3等整数值，也可以是具有层次形式的字符串，如1.1.2.1等等。

● 评分预测值属性score：可选属性。在评分应用中，如果新数据的评分结果是这个节点，则这个属性对应着预测结果值。对于一个回归决策树模型而言，预测结果将由回归方程提供，此时属性score不是必需的；对于一个分类决策树模型而言，需要提供这个属性。

● 节点记录数量属性recordCount：可选属性。这个节点属性与其子元素ScoreDistribution的属性recordCount配合使用，能够确定子元素ScoreDistribution的属性value指定预测类别值的可能性，同时也能确定节点本身在父节点中所占的比重大小。

● 默认处理节点标识属性defaultChild：可选属性。这个属性只有在决策树模型的属性missingValueStrategy设置为defaultChild时才有用，此时这个属性将包含一个子节点的ID标识（由唯一ID属性id指定）。当由于某种原因（如分支变量为缺失值）导致节点的谓词表达式没有有效的结果时，评分流程将转向此节点。注意：此属性只能指向节点本身的直接子节点。

元素Node除了具有以上四个属性外，还可以包含谓词组元素PREDICATE、评分数据分布元素ScoreDistribution以及分区元素Partition和嵌入式模型子元素EmbeddedModel。其中分区元素Partition包含了一个样本子集的统计信息，这个元素的详细内容请参见笔者的另一本书《PMML建模标准语言基础》，这里不再赘述。而嵌入式模型子元素EmbeddedModel将包含对一个嵌入在本节点Node中模型的引用，它只应用在组合模型的情况，其详细的内容我们将在第九章聚合模型MiningModel中讲解，这里暂不做具体描述。这里我们重点对谓词组元素PREDICATE和评分数据分布元素ScoreDistribution进行详细说明。

2.3.2.1　评分数据分布元素ScoreDistribution

这个元素提供了一种列举目标标量类别值的方法。分类树模型中，评分数据分布元素ScoreDistribution代表了一个评分可能的结果信息。在PMML规范中，其定义如下：

```
1.<xs:element name="ScoreDistribution">
2.  <xs:complexType>
3.    <xs:sequence>
4.      <xs:element ref="Extension" minOccurs="0" maxOccurs="unbounded"/>
5.    </xs:sequence>
6.    <xs:attribute name="value" type="xs:string" use="required"/>
7.    <xs:attribute name="recordCount" type="NUMBER" use="required"/>
```

```
8.          <xs:attribute name="confidence" type="PROB-NUMBER"/>
9.          <xs:attribute name="probability" type="PROB-NUMBER"/>
10.     </xs:complexType>
11.</xs:element>
```

从定义中可以看出，这个元素主要由四个属性组成，它们是：

- 目标值属性value：必选属性。指定一个目标变量的类别标签。
- 记录数量属性recordCount：必选属性。表示与属性value相对应的训练样本数目。
- 置信度confidence：可选属性。表示评分过程中，预测目标为属性value值的置信度。置信度类似于概率，但是要比概率宽松，所有目标类别的置信度可能不一定像概率一样总和为1，但是置信度通常都是在0.0到1.0之间。在决策树模型中，通常会对置信度进行拉普拉斯修正，这样置信度总和会小于1.0。
- 概率值probability：可选属性。指定一个在评分过程中，预测目标类别等于属性value值的概率。如果没有设置此属性，则预测概率根据记录数量属性recordCount与节点属性recordCount计算。注意：只要为任何一个目标类别值定义了此属性，则必须同时为其他类别值设置此属性，并且所有预测概率之和为1。

在评分过程中，如果一个节点被选为最终节点，并且这个节点没有设置属性score，则选择这个节点中所有子元素ScoreDistribution中记录数量属性recordCount最大值对应的目标值属性value作为预测结果。如果在一系列的子元素ScoreDistribution中有多个属性recordCount值都等于它们的最大值，则选择顺序中的第一个子元素ScoreDistribution中的属性value作为预测结果。

注意：如果节点设置了属性score，则预测结果将以此为准。

2.3.2.2 谓词组元素PREDICATE

谓词组元素PREDICATE是一个组元素，其内容是一个表示谓词表达式。表达式可以是一个简单谓词表达式（SimplePredicate）、一个复合谓词表达式（CompoundPredicate）、一个简单谓词结果集表达式（SimpleSetPredicate），也可以是一个简单的真值常变量表达式（True）或假值常变量表达式（False）。

在评分应用过程中，对于同一个父节点的所有子节点而言，谓词表达式的评估是从左到右（left→right），通常最右边子节点的谓词表达式只是一个<True />表达式（表示真值）。决策树模型将选择第一个谓词表达式为TRUE（真值）的子节点。如果没有任何一个子节点的谓词表达式为TRUE，则评分流程将执行模型的评分异常终止策略属性noTrueChildStrategy指定的动作。这在前面我们已经讲过。

在PMML规范中，谓词组元素PREDICATE的定义如下：

```
1.<xs:group name="PREDICATE">
2.      <xs:choice>
```

```
3.      <xs:element ref="SimplePredicate"/>
4.      <xs:element ref="CompoundPredicate"/>
5.      <xs:element ref="SimpleSetPredicate"/>
6.      <xs:element ref="True"/>
7.      <xs:element ref="False"/>
8.    </xs:choice>
9.</xs:group>
```

从上面的定义可以看出，谓词组元素PREDICATE是以上面所说的几种谓词表达式之一出现的。下面我们将对这些谓词表达式进行一一详述。

（1）简单谓词表达式元素SimplePredicate

简单谓词表达式SimplePredicate以简单的布尔表达式形式定义了一条规则，该规则由字段属性field、布尔操作符operator和用于比较的值属性value组成。具体定义如下

```
1.<xs:element name="SimplePredicate">
2.  <xs:complexType>
3.    <xs:sequence>
4.      <xs:element ref="Extension" minOccurs="0" maxOccurs="unbounded"/>
5.    </xs:sequence>
6.    <xs:attribute name="field" type="FIELD-NAME" use="required"/>
7.    <xs:attribute name="operator" use="required">
8.      <xs:simpleType>
9.        <xs:restriction base="xs:string">
10.          <xs:enumeration value="equal"/>
11.          <xs:enumeration value="notEqual"/>
12.          <xs:enumeration value="lessThan"/>
13.          <xs:enumeration value="lessOrEqual"/>
14.          <xs:enumeration value="greaterThan"/>
15.          <xs:enumeration value="greaterOrEqual"/>
16.          <xs:enumeration value="isMissing"/>
17.          <xs:enumeration value="isNotMissing"/>
18.        </xs:restriction>
19.      </xs:simpleType>
20.    </xs:attribute>
```

```
21.    <xs:attribute name="value" type="xs:string"/>
22.  </xs:complexType>
23.</xs:element>
```

这个元素主要由下面三个属性组成：

● 字段属性field：必选属性。表示一个挖掘字段MiningField或衍生字段DerivedField的名称。对于使用了模型链元素modelChain的组合模型而言，如果聚合模型元素MiningModel的段元素Segment中包含了谓词表达式，则这个谓词表达式的字段属性field的内容还可以是组合模型中前面模型的输出字段OutputField的名称。

● 布尔操作符operator：必选属性。表示8个预定义的逻辑比较操作符中一个，如表2-17所示。

表2-17　8个预定义的比较操作符

操作符	逻辑操作
equal	相等（=）
notEqual	不等于（≠）
lessThan	小于（<）
lessOrEqual	小于或等于（≤）
greaterThan	大于（>）
greaterOrEqual	大于或等于（≥）
isMissing	检测是否为缺失值
isNotMissing	检测是否为非缺失值（与isMissing正好相反）

● 值属性value：可选属性。指定字段field通过操作符operator进行比较评估的值。如果操作符属性operator为isMissing或isNotMissing，则属性value不能设置；如果操作符属性operator不是Missing或isNotMissing，则属性value必须设置。

从数学的角度看，简单谓词表达式定义的规则形式是：field operator value。其中属性field为左操作数，属性value是右操作数。例如，下面的三个例子表示的表达式均是：age<30。

```
1.<SimplePredicate field="age" operator="lessThan" value="30"/>
2.
3.<SimplePredicate value="30" operator="lessThan" field="age"/>
4.
5.<SimplePredicate operator="lessThan" value="30" field="age"/>
```

可见，三个属性的顺序是不会影响谓词表达式的。

在简单谓词表达式中，如果属性 filed 的值与值 value 之间满足操作符 operator 的评估运算，则评估结果为真 TRUE；否则结果为假 FALSE。

最后讲解一下简单谓词表达式对缺失值的处理方式：如果属性 field 的值为缺失值，则简单谓词表达式的结果将是 UNKNOWN（未知）；定义在数据字典 DataDictionary 和挖掘模式 MiningSchema 中的字段可能已经对缺失值进行了处理，如使用一个替代值代替缺失值，这种情况下，字段 field 的替代值会被用在谓词表达式中，此时，属性 field 的值将不再是缺失值了。

（2）复合谓词表达式元素 CompoundPredicate

复合谓词表达式 CompoundPredicate 是两个或多个谓词表达式的组合，通过布尔操作符进行连接，最后给出 TRUE 或者 FALSE 的结果。其定义如下：

```
1. <xs:element name="CompoundPredicate">
2.   <xs:complexType>
3.     <xs:sequence>
4.       <xs:element ref="Extension" minOccurs="0" maxOccurs="unbounded"/>
5.       <xs:sequence minOccurs="2" maxOccurs="unbounded">
6.         <xs:group ref="PREDICATE"/>
7.       </xs:sequence>
8.     </xs:sequence>
9.     <xs:attribute name="booleanOperator" use="required">
10.      <xs:simpleType>
11.        <xs:restriction base="xs:string">
12.          <xs:enumeration value="or"/>
13.          <xs:enumeration value="and"/>
14.          <xs:enumeration value="xor"/>
15.          <xs:enumeration value="surrogate"/>
16.        </xs:restriction>
17.      </xs:simpleType>
18.    </xs:attribute>
19.  </xs:complexType>
20. </xs:element>
```

从上面的定义可以看出，一个复合谓词表达式可以包含一系列子谓词表达式，这些子谓词表达式可以是上面介绍的简单谓词表达式，也可以是一个复合谓词表达式，也可以是后面将要介绍的简单谓词结果集表达式、真值常变量表达式 True 或假值常变量表达式 True，并且这些子谓词表达式的顺序是不会影响最终结果的（代理操作符 surrogate

除外,下面我们会讲到)。除此之外,这个元素还有一个必选的布尔操作符属性:booleanOperator,可以取or(或)、and(与)、xor(异或)和surrogate(代理)之一。其中:

➤ 或操作符or:表示复合谓词表达式中,只要有任何一个谓词表达式的结果为TRUE,则此复合谓词表达式的结果为TRUE;否则为FALSE。

➤ 与操作符and:表示复合谓词表达式中,只有所有谓词表达式的结果为TRUE,此复合谓词表达式的结果才能为TRUE;否则为FALSE。

➤ 异或操作符xor:表示复合谓词表达式中,如果有奇数个谓词表达式结果为TRUE,则此复合谓词表达式的结果为TRUE;否则为FALSE。

➤ 代理操作符surrogate:这个操作符用来处理缺失值的情况。我们将在本节后面详细叙述。

在复合谓词表达式中,所有子谓词表达式是作为一个整体,通过布尔操作符来进行评估运算的,如果所有的子谓词表达式满足布尔操作符的运算操作,则评估结果为真TRUE;否则结果为假FALSE。例如,下面的表达式:

((temperature>60) and (temperature<100) and (outlook = "overcast"))

定义代码如下:

```
1.<CompoundPredicate booleanOperator="and">
2.  <SimplePredicate field="temperature" operator="greaterThan" value="60"/>
3.  <SimplePredicate field="temperature" operator="lessThan" value="100"/>
4.  <SimplePredicate field="outlook" operator="equal" value="overcast"/>
5.</CompoundPredicate>
```

对于布尔操作符or、and和xor的运算,可参考表2-18。表中P和Q分别表示两个谓词表达式。

表2-18 布尔操作符or、and和xor的运算结果

P	Q	P and Q	P or Q	P xor Q
TRUE	TRUE	TRUE	TRUE	FALSE
TRUE	FALSE	FALSE	TRUE	TRUE
TRUE	UNKNOWN	UNKNOWN	TRUE	UNKNOWN
FALSE	TRUE	FALSE	TRUE	TRUE
FALSE	FALSE	FALSE	FALSE	FALSE
FALSE	UNKNOWN	FALSE	UNKNOWN	UNKNOWN
UNKNOWN	TRUE	UNKNOWN	TRUE	UNKNOWN
UNKNOWN	FALSE	FALSE	UNKNOWN	UNKNOWN
UNKNOWN	UNKNOWN	UNKNOWN	UNKNOWN	UNKNOWN

注:表中,UNKNOWN表示谓词表达式的结果未知。

对于代理操作运算符surrogate，提供了一种特殊的处理缺失值的方法，它应用于一个谓词表达式的序列，其中第一个谓词表达式称为主谓词，后续的谓词都称为代理谓词。对谓词表达式序列的评估顺序是从左到右（left→right），主谓词表达式的结果为UNKNOWN时，将顺序对代理谓词表达式进行评估，直到找到一个评估结果不为UNKNOWN（未知）的谓词表达式（无论是TRUE还是FALSE）；如果主谓词表达式的结果不为UNKNOWN，则直接返回主谓词的结果（无论是TRUE还是FALSE）。从这个处理过程来看，谓词表达式的顺序对最终结果是有关系的，这点与其他布尔操作符（or、and和xor）不同。下面我们以一个例子做更详细的说明，请看例子代码：

```
1.<CompoundPredicate booleanOperator="surrogate">
2.  <CompoundPredicate booleanOperator="and">
3.    <SimplePredicate field="temperature" operator="lessThan" value="90"/>
4.    <SimplePredicate field="temperature" operator="greaterThan" value="50"/>
5.  </CompoundPredicate>
6.  <SimplePredicate field="humidity" operator="greaterOrEqual" value="80"/>
7.  <False/>
8.</CompoundPredicate>
```

在这个例子中，主谓词表达式为(temperature<90) and (temperature>50)。

如果主谓词表达式的结果为TRUE或FALSE，则这个代理surrogate谓词表达式的结果会立即返回TRUE或FALSE；如果由于字段temperature的值是缺失值，导致主谓词表达式的结果为UNKNOWN（未知），则评估流程会进入第二个谓词表达式：humidity ≥ 80。如果字段humidity的值仍然为缺失值，则最后返回FALSE（由最后一个假值常变量表达式<False />决定，本节后面会讲到）。

（3）简单谓词结果集表达式元素SimpleSetPredicate

简单谓词结果集表达式SimpleSetPredicate能够检测一个变量（字段）值是否出现在一个值集合中。值集合的所有元素值是以数组的形式表示的。

在PMML规范中，这个元素定义如下：

```
1.<xs:element name="SimpleSetPredicate">
2.  <xs:complexType>
3.    <xs:sequence>
4.      <xs:element ref="Extension" minOccurs="0" maxOccurs="unbounded"/>
5.      <xs:element ref="Array"/>
6.    </xs:sequence>
7.    <xs:attribute name="field" type="FIELD-NAME" use="required"/>
8.    <xs:attribute name="booleanOperator" use="required">
9.      <xs:simpleType>
```

```
10.          <xs:restriction base="xs:string">
11.              <xs:enumeration value="isIn"/>
12.              <xs:enumeration value="isNotIn"/>
13.          </xs:restriction>
14.        </xs:simpleType>
15.     </xs:attribute>
16.   </xs:complexType>
17.</xs:element>
```

在这个定义中,简单谓词结果集表达式SimpleSetPredicate包含一个子元素Array,同时有两个属性:field和booleanOperator。其中子元素Array包含了简单谓词结果集表达式元素SimpleSetPredicate中的所有元素,关于数组元素Array的介绍,请参见笔者的另一本书《PMML建模标准语言基础》,这里不再赘述。

下面我们简要介绍一下这个元素的两个属性。

● 字段属性field:必选属性。表示一个挖掘字段MiningField或衍生字段DerivedField的名称。对于使用了模型链元素modelChain的组合模型而言,如果聚合模型元素MiningModel的段元素Segment中包含了谓词表达式,则这个谓词表达式的字段属性field的内容还可以是组合模型中前面模型的输出字段OutputField的名称。

● 布尔操作符属性booleanOperator:必选属性。可以取isIn(是否存在于)、isNotIn(是否不存在于)之一。其中:

➢ 是否存在于操作符isIn:表示如果属性field的值存在于数组子元素Array中,则结果为TRUE;否则为FALSE。

➢ 是否不存在于操作符isIn:与isIn相反,表示如果属性field的值不存在于数组子元素Array中,则结果为TRUE;否则为FALSE。

(4)真值常变量表达式元素True

真值常变量表达式True标识一个布尔常量TRUE(真),也就是说,这个表达式永远返回真值TRUE。其定义如下:

```
1.<xs:element name="True">
2.  <xs:complexType>
3.    <xs:sequence>
4.      <xs:element ref="Extension" minOccurs="0" maxOccurs="unbounded"/>
5.    </xs:sequence>
6.  </xs:complexType>
7.</xs:element>
```

（5）假值常变量表达式元素 False

假值常变量表达式 False 标识一个布尔常量 FALSE（假），也就是说，这个表达式永远返回假值 FALSE。其定义如下：

```
1.<xs:element name="False">
2.  <xs:complexType>
3.    <xs:sequence>
4.      <xs:element ref="Extension" minOccurs="0" maxOccurs="unbounded"/>
5.    </xs:sequence>
6.  </xs:complexType>
7.</xs:element>
```

2.3.3 评分应用过程

在模型生成之后，就可以应用于新数据进行评分应用了。评分应用以一个新的数据作为输入，以一个目标变量的类别标签为输出。在本节中，我们将结合两个决策树模型代码说明评分应用的流程和步骤，特别是对缺失值处理的各种情况。

（1）无缺失值情况下决策树模型的评分应用过程

我们以下面的决策树模型为例，说明决策树模型的应用过程。在本例中，不会涉及缺失值的处理情况。

请读者参考下面的模型案例代码：

```
1.<PMML xmlns="http://www.dmg.org/PMML-4_3" version="4.3">
2.  <Header copyright="www.dmg.org" description="A very small binary tree model to show structure."/>
3.  <DataDictionary numberOfFields="5">
4.    <DataField name="temperature" optype="continuous" dataType="double"/>
5.    <DataField name="humidity" optype="continuous" dataType="double"/>
6.    <DataField name="windy" optype="categorical" dataType="string">
7.      <Value value="true"/>
8.      <Value value="false"/>
9.    </DataField>
10.   <DataField name="outlook" optype="categorical" dataType="string">
11.     <Value value="sunny"/>
```

```xml
12.        <Value value="overcast"/>
13.        <Value value="rain"/>
14.      </DataField>
15.      <DataField name="whatIdo" optype="categorical" dataType="string">
16.        <Value value="will play"/>
17.        <Value value="may play"/>
18.        <Value value="no play"/>
19.      </DataField>
20.    </DataDictionary>
21.    <TreeModel modelName="golfing" functionName="classification">
22.      <MiningSchema>
23.        <MiningField name="temperature"/>
24.        <MiningField name="humidity"/>
25.        <MiningField name="windy"/>
26.        <MiningField name="outlook"/>
27.        <MiningField name="whatIdo" usageType="target"/>
28.      </MiningSchema>
29.      <Node score="will play">
30.        <True/>
31.        <Node score="will play">
32.          <SimplePredicate field="outlook" operator="equal" value="sunny"/>
33.          <Node score="will play">
34.            <CompoundPredicate booleanOperator="and">
35.              <SimplePredicate field="temperature" operator="lessThan" value="90"/>
36.              <SimplePredicate field="temperature" operator="greaterThan" value="50"/>
37.            </CompoundPredicate>
38.            <Node score="will play">
39.              <SimplePredicate field="humidity" operator="lessThan" value="80"/>
40.            </Node>
41.            <Node score="no play">
42.              <SimplePredicate field="humidity" operator="greaterOrEqual" value="80"/>
```

```
43.            </Node>
44.          </Node>
45.          <Node score="no play">
46.            <CompoundPredicate booleanOperator="or">
47.              <SimplePredicate field="temperature" operator="greaterOrEqual" value="90"/>
48.              <SimplePredicate field="temperature" operator="lessOrEqual" value="50"/>
49.            </CompoundPredicate>
50.          </Node>
51.        </Node>
52.        <Node score="may play">
53.          <CompoundPredicate booleanOperator="or">
54.            <SimplePredicate field="outlook" operator="equal" value="overcast"/>
55.            <SimplePredicate field="outlook" operator="equal" value="rain"/>
56.          </CompoundPredicate>
57.          <Node score="may play">
58.            <CompoundPredicate booleanOperator="and">
59.              <SimplePredicate field="temperature" operator="greaterThan" value="60"/>
60.              <SimplePredicate field="temperature" operator="lessThan" value="100"/>
61.              <SimplePredicate field="outlook" operator="equal" value="overcast"/>
62.              <SimplePredicate field="humidity" operator="lessThan" value="70"/>
63.              <SimplePredicate field="windy" operator="equal" value="false"/>
64.            </CompoundPredicate>
65.          </Node>
66.          <Node score="no play">
67.            <CompoundPredicate booleanOperator="and">
68.              <SimplePredicate field="outlook" operator="equal" value="rain"/>
69.              <SimplePredicate field="humidity" operator="lessThan" value="70"/>
70.            </CompoundPredicate>
71.          </Node>
72.        </Node>
73.      </Node>
74.    </TreeModel>
75.</PMML>
```

从上面的决策树模型可以看出,决策树模型 TreeModel 的挖掘模式 MiningSchema 提供了四个预测变量:temperature、humidity、windy 和 outlook,目标变量为 whatIdo。现在假设我们有新的数据如下:

$$temperature = 75, humidity = 55, windy = "false", outlook = "overcast"$$

我们根据以上模型信息,由给定的新数据,预测目标变量 whatIdo 的结果。其步骤如下;

① 选择根节点。它的谓词表达式为一个真值常量表达式,结果为 TRUE,所以继续评估。

② 选择根节点的第一个子节点(子节点的顺序是从上到下)。这个子节点的谓词表达式为 outlook = "sunny"。由于新数据中 outlook = "overcast",所以这个谓词表达式的结果为 FALSE,返回其父节点(这个步骤为根节点)。继续评估父节点的第二个子节点,其谓词表达式:

$$outlook = "overcast" \text{ OR } outlook = "vrain"$$

很显然,新数据满足这个条件,所以这个谓词表达式的结果为 TRUE。这一步,评分过程将保留此节点。

③ 选择上一步骤节点的第一个子节点,并对其谓词表达式进行评估。这个节点的谓词表达式是一个复合谓词表达式,其表示的含义为:

$$temperature>60 \text{ AND } temperature<100 \text{ AND } outlook = "overcast"$$
$$\text{AND } humidity<70 \text{ AND } windy = "false"$$

对照给定的新数据,可知这个谓词表达式为真 TRUE。这一步,评分过程将保留此节点。

④ 由于此时这个子节点是叶子节点,所以最终预测结果将从这个子节点得出。在本例中,此叶子节点的属性 score 值就是目标变量 whatIdo 的预测值,即为"may play"。

(2)缺失值情况下决策树模型的评分应用过程

本例中,我们将重点讨论谓词表达式评估过程中对缺失值的处理方式。我们将以下面的决策树模型为例,结合具体的新观测数据进行详述、全面的描述。

首先请看下面的决策树模型文档。

```
1.<PMML xmlns="http://www.dmg.org/PMML-4_3" version="4.3">
2.    <Header copyright="www.dmg.org" description="A very small tree model to
 demonstrate missing value handling and confidence calculation."/>
3.    <DataDictionary numberOfFields="4">
4.        <DataField name="temperature" optype="continuous" dataType="double"/>
5.        <DataField name="humidity" optype="continuous" dataType="double"/>
```

```xml
6.      <DataField name="outlook" optype="categorical" dataType="string">
7.          <Value value="sunny"/>
8.          <Value value="overcast"/>
9.          <Value value="rain"/>
10.     </DataField>
11.     <DataField name="whatIdo" optype="categorical" dataType="string">
12.         <Value value="will play"/>
13.         <Value value="may play"/>
14.         <Value value="no play"/>
15.     </DataField>
16. </DataDictionary>
17. <TreeModel modelName="golfing" functionName="classification" missingValueStrategy="weightedConfidence">
18.     <MiningSchema>
19.         <MiningField name="temperature"/>
20.         <MiningField name="humidity"/>
21.         <MiningField name="outlook"/>
22.         <MiningField name="whatIdo" usageType="target"/>
23.     </MiningSchema>
24.     <Node id="1" score="will play" recordCount="100" defaultChild="2">
25.         <True/>
26.         <ScoreDistribution value="will play" recordCount="60" confidence="0.6"/>
27.         <ScoreDistribution value="may play" recordCount="30" confidence="0.3"/>
28.         <ScoreDistribution value="no play" recordCount="10" confidence="0.1"/>
29.         <Node id="2" score="will play" recordCount="50" defaultChild="3">
30.             <SimplePredicate field="outlook" operator="equal" value="sunny"/>
31.             <ScoreDistribution value="will play" recordCount="40" confidence="0.8"/>
32.             <ScoreDistribution value="may play" recordCount="2" confidence="0.04"/>
33.             <ScoreDistribution value="no play" recordCount="8" confidence="0.16"/>
34.             <Node id="3" score="will play" recordCount="40">
35.                 <CompoundPredicate booleanOperator="surrogate">
36.                     <SimplePredicate field="temperature" operator="greaterOrEqual" value="50"/>
37.                     <SimplePredicate field="humidity" operator="lessThan" value="80"/>
38.                 </CompoundPredicate>
39.                 <ScoreDistribution value="will play" recordCount="36" confidence="0.9"/>
40.                 <ScoreDistribution value="may play" recordCount="2" confidence="0.05"/>
```

```
41.         <ScoreDistribution value="no play" recordCount="2" confidence="0.05"/>
42.       </Node>
43.       <Node id="4" score="no play" recordCount="10">
44.         <CompoundPredicate booleanOperator="surrogate">
45.           <SimplePredicate field="temperature" operator="lessThan" value="50"/>
46.           <SimplePredicate field="humidity" operator="greaterOrEqual" value="80"/>
47.         </CompoundPredicate>
48.         <ScoreDistribution value="will play" recordCount="4" confidence="0.4"/>
49.         <ScoreDistribution value="may play" recordCount="0" confidence="0.0"/>
50.         <ScoreDistribution value="no play" recordCount="6" confidence="0.6"/>
51.       </Node>
52.     </Node>
53.     <Node id="5" score="may play" recordCount="50">
54.       <CompoundPredicate booleanOperator="or">
55.         <SimplePredicate field="outlook" operator="equal" value="overcast"/>
56.         <SimplePredicate field="outlook" operator="equal" value="rain"/>
57.       </CompoundPredicate>
58.       <ScoreDistribution value="will play" recordCount="20" confidence="0.4"/>
59.       <ScoreDistribution value="may play" recordCount="28" confidence="0.56"/>
60.       <ScoreDistribution value="no play" recordCount="2" confidence="0.04"/>
61.     </Node>
62.   </Node>
63. </TreeModel>
64.</PMML>
```

从上面的决策树模型可以看出，与上面的例子模型类似，这个决策树模型TreeModel的挖掘模式MiningSchema也提供了四个预测变量：temperature、humidity、windy和outlook，目标变量为whatIdo。

① 这里先假定没有缺失值，将要进行评分的新数据如下：

temperature=45, outlook="sunny", humidity=60

通过第一个例子，我们可以很容易推出，这条新数据的预测结果是在叶子节点4（id = "4"的节点）上，结果为"no play"，并且从节点4的子元素ScoreDistribution可知：此预测结果的置信度为0.6。

② 根据weightedConfidence设置处理缺失值的评分过程。

将要进行评分的新数据如下：

outlook="sunny",temperature和humidity缺失(未知)

根据模型个节点的谓词表达式可以推出，这条新数据首先会驻留在节点2（因为节点2的谓词表达式为outlook = "sunny"），接着进入节点2的第一个子节点（节点3）。但是由于新数据中预测变量temperature和humidity均为缺失值，所以节点3的复合谓词表达式的结果将是UNKNOWN。另外，在这个决策树模型中，其缺失值处理策略属性missingValueStrategy设置为weightedConfidence，所以将触发weightedConfidence处理流程。在前面我们已经讲过weightedConfidence下的流程：从节点2的子节点中选择所有谓词表达式不为FALSE的子节点，这里是子节点3和子节点4，并分别计算每个子节点中目标变量的每个类别的置信度，最后根据子节点的每个类别的权重计算权重置信度。最后根据权重置信度选择本条新数据的预测结果。具体计算过程如下：

第一步，子节点3中每个类别的置信度：

$$conf("will\ play")=0.9$$
$$conf("may\ play")=0.05$$
$$conf("no\ play")=0.05$$

第二步，子节点4中每个类别的置信度：

$$conf("will\ play")=0.4$$
$$conf("may\ play")=0.0$$
$$conf("no\ play")=0.6$$

第三步，计算权重置信度。由于节点总记录数为50（节点2的属性recordCount = "50"），而其子节点3的属性recordCount = "40"，子节点4的属性recordCount = "10"。所以，对于节点2来说，每个目标类别的权重置信度为：

$$conf("will\ play")=(40/50) \times 0.9 + (10/50) \times 0.4=0.72 + 0.08 = 0.8$$
$$conf("may\ play")=(40/50) \times 0.05 + (10/50) \times 0.0=0.04$$
$$conf("will\ play")=(40/50) \times 0.05 + (10/50) \times 0.6=0.04 + 0.12 = 0.16$$

第四步，确定预测结果。从第三步的计算结果很容易得出：本条数据的预测结果为"will play"（其权重置信度最高，为0.8）。

③ 多个缺失值以及根据weightedConfidence设置处理缺失值的评分过程。

将要进行评分的新数据如下：outlook、temperature和humidit，这三个预测变量均为缺失值（未知）。这是一个比上面例子更加极端的情况。

同上面的处理过程类似，由于预测变量outlook为缺失值，所以节点2的谓词表达式结果为UNKNOWN。由于这个决策树模型的缺失值处理策略属性missingValueStrategy设置为weightedConfidence，所以将触发weightedConfidence处理流程。

从节点2的父节点1中选择所有谓词表达式不为FALSE的子节点，这里是子节点2和子节点5。根据上个例子类型的流程，计算节点1的所有目标变量的类别的权重置信度，并根据权重置信度进行预测。具体计算过程如下：
第一步，子节点2中每个类别的置信度：

$$conf("will\ play")=089$$
$$conf("may\ play")=0.04$$
$$conf("no\ play")=0.16$$

第二步，子节点5中每个类别的置信度：

$$conf("will\ play")=0.4$$
$$conf("may\ play")=0.56$$
$$conf("no\ play")=0.04$$

第三步，计算权重置信度。由于节点总记录数为50（节点1的属性recordCount = "100"），而其子节点2的属性recordCount = "50"，子节点5的属性recordCount = "50"。所以，对于节点1来说，每个目标类别的权重置信度为：

$$conf("will\ play")=(50/100)\times 0.8 + (50/100)\times 0.4=0.4 + 0.2 = 0.6$$
$$conf("may\ play")=(50/100)\times 0.04 + (50/100)\times 0.56=0.02 + 0.28 = 0.3$$
$$conf("will\ play")=(50/100)\times 0.16 + (50/100)\times 0.04=0.08 + 0.02 = 0.1$$

第四步，确定预测结果。从第三步的计算结果很容易得出：本条数据的预测结果为"will play"（其权重置信度最高，为0.6）。

④ 根据defaultChild设置处理缺失值的评分过程。

现在我们对本例的决策树模型临时做一个简单的修改：决策树模型缺失值处理策略属性missingValueStrategy设置为defaultChild，并同时添加模型属性missingValuePenalty = 0.8。

将要进行评分的新数据如下：

temperature=40，humidity=70，outlook为缺失值。

在这种情况下，由于outlook为缺失值，所以节点2的谓词表达式为UNKNOWN，而此时模型的属性missingValueStrategy = defaultChild，所以defaultChild处理流程被触发。此时，评分过程将转向节点2的父节点1的属性defaultChild指定的子节点，此时正是节点2。则评分过程从节点2正常开始。由于节点3的谓词表达式结果为FALSE，所以，最后评分流程结束在节点4上。此时，预测结果为"no play"。考虑到模型的missingValuePenalty = 0.8，所以这个预测结果的置信度为0.6×0.8 = 0.48。

⑤ 多个缺失值以及根据defaultChild设置处理缺失值的评分过程。

同上面例子类似，我们仍然对本例的决策树模型做一样的临时修改，即决策树模型缺失值处理策略属性missingValueStrategy设置为defaultChild，并同时添加模型属性missingValuePenalty = 0.8。

将要进行评分的新数据如下：

humidity=70，temperature和outlook均为缺失值。

同上面的例子一样，由于预测变量outlook为缺失值，所以节点2的谓词表达式为UNKNOWN，这将触发defaultChild处理流程。此时，评分过程将转向节点2的父节点1的属性defaultChild指定的子节点，此时正是节点2，则评分过程从节点2正常开始。由于节点3的代理surrogate谓词表达式结果为TRUE，则评分流程结束在节点3上。此时，预测结果为"will play"。考虑到模型的missingValuePenalty = 0.8，所以这个预测结果的置信度为0.9乘以节点1和节点2的missingValuePenalty，即置信度为：$0.9 \times 0.8 \times 0.8 = 0.576$。

⑥ 根据lastPrediction设置处理缺失值的评分过程。

这次我们仍然对本例的决策树模型临时做一个简单的修改：决策树模型缺失值处理策略属性missingValueStrategy设置为lastPrediction，其他保持不变。

将要进行评分的新数据如下：

outlook="sunny"，而temperature和humidity均为缺失值。

在这种情况下，评估过程首先进入节点2。但是由于此时节点2的子节点3和子节点4的谓词表达式结果均为UNKNOWN，并且模型的属性missingValueStrategy = lastPrediction。所以，最终的评分结果是节点2的"will play"，并且其置信度为0.8。

⑦ 根据nullPrediction设置处理缺失值的评分过程。

这次我们仍然对本例的决策树模型临时做一个简单的修改：决策树模型缺失值处理策略属性missingValueStrategy设置为nullPrediction，其他保持不变。将要进行评分的新数据如下：

outlook = "sunny"，而temperature和humidity均为缺失值。

参考前面的例子可知，在这种情况下，评估过程首先进入节点2。但是由于此时节点2的子节点3的谓词表达式结果为UNKNOWN，并且模型的属性missingValueStrategy = nullPrediction。所以此时会触发nullPrediction流程，即本次预测为无效，也就是没有预测结果返回。

⑧ 根据aggregateNodes设置处理缺失值的评分过程。

这次我们仍然对本例的决策树模型临时做一个简单的修改：决策树模型缺失值处理策略属性missingValueStrategy设置为aggregateNodes，其他保持不变。将要进行评分的新数据如下：

temperature = "45"，humidity = "90"，而outlook为缺失值。

在这种情况下，评估过程首先进入节点2。但是由于outlook为缺失值，节点2的谓词表达式的结果为UNKNOWN，加之由于模型的属性missingValueStrategy = aggregateNodes。根据前面讲述模型属性的知识可知，这将会触发aggrgateNodes处理流程。这种情况下，会认为节点2的谓词表达式为TRUE，此时子节点3的谓词表达式结果为FALSE，子节点4的谓词表达式结果为TRUE；并且同时也要对节点2的同级节点5进行谓词表达式的评估，结果也为TRUE。根据这些信息，具体的预测计算步骤如下：

第一步，计算子节点4下，目标变量各类别值的记录数。

$$recordCount("will\ play")=4$$
$$recordCount("may\ play")=0$$
$$recordCount("no\ play")=6$$

第二步，计算同级节点5下，目标变量各类别值的记录数。

$$recordCount("will\ play")=20$$
$$recordCount("may\ play")=28$$
$$recordCount("no\ play")=2$$

第三步，更加上面的结果，合并目标变量各类别值的记录数。

$$recordCount("will\ play")=4 + 20=24$$
$$recordCount("may\ play")=0 + 28=28$$
$$recordCount("no\ play")=6 + 2=8$$

第四步，根据合并目标变量各类别记录数，决定最终预测结果。由于目标类别"may play"的合并记录数最大（28），所以此次预测结果为"may play"。

第五步，计算此预测结果的置信度。

$$confidence("may\ play") = \frac{recordCount("may\ play")}{recordCount("will\ play")+recordCount("may\ play")+recordCount("no\ play")} = \frac{28}{24+28+8}=\frac{28}{60}\approx 0.47$$

⑨ 根据none设置处理缺失值的评分过程。

为了说明缺失值处理策略missingValueStrategy = none时，模型对缺失值的处理流程，这里我们使用如下的代码片段：

```
1. ...
2. <TreeModel modelName="golfing" functionName="classification" missingValueStrategy="none">
3.   ...
4.   <Node id="1" score="will play" recordCount="100">
5.     <True/>
6.     <Node id="2" score="will play" recordCount="50">
7.       <SimplePredicate field="age" operator="lessThan" value="30">
8.     </Node>
9.     <Node id="3" score="will not play" recordCount="20">
10.      <SimplePredicate field="age" operator="greaterOrEqual" value="30">
```

```
11.      </Node>
12.      <Node id="4" score="will play" recordCount="30">
13.        <True>
14.      </Node>
15.    </Node>
16.  ...
```

将要进行评分的新数据如下：预测变量age为缺失值。

在这种情况下，尽管节点2和节点3覆盖了所有的预测变量age的有效值范围，并且永远不会进入节点4，但是由于模型属性missingValueHandling = "none"将阻止其中任何一个触发，因为缺失值既不小于30，也不大于或等于30，根据前面讲述模型属性missingValueHandling的内容可知，此时将触发noTrueChildStrategy策略，此时默认情况下不返回预测结果（returnNullPrediction）。

3 规则集模型（RuleSetModel）

3.1 规则集模型基础知识

规则集可以看作是一种扁平化的决策树模型。一个规则集模型由一系列的规则（rule）组成，每条规则包含了一个谓词表达式和一个预测目标类别，外加一些在模型训练或验证过程中收集到的有关模型性能的信息。例如下面是一个规则的描述：

PREDICATE: BP="HIGH" AND K>0.045804001 AND Age<=50 AND Na<=0.77240998
PREDICTION: "drugB"
CONFIDENCE: 0.9

在这条规则中，第一行PREDICATE是一个谓词表达式的描述，第二行表示的是在谓词表达式结果为TRUE时，规则的预测类别，第三行表示本条规则预测结果的置信度。关于谓词和谓词表达式的知识，请参考上一章决策树模型的有关内容，这里不再赘述。

一个分类决策树模型可以很容易地转换为一个规则集模型，所以这两个模型之间有密切的关系，在表达方式上有很多相似的地方，这在本章后面介绍规则集模型的PMML结构时会有更清晰的说明。

一个规则集可以保留来自决策树模型的大多数重要信息，并且模型的复杂度较低。规则集模型和决策树模型之间最大的区别是：在一个规则集模型中，可能有多条规则适用于一条新数据，也可能根本没有一条规则适用于这条新数据。在使用规则集模型评分过程中，如果一条规则的谓词表达式结果为TRUE，我们就称这条规则被"触发"。规则集模型也可以有选择地设置默认预测结果（包括对应的置信度），这可以用在评分过程中，在没有任何规则被触发的情况下使用，例如，如果新数据中由于存在缺失值，导致所有规则的谓词表达式结果均为UNKNOWN，这不会触发任何一条规则。

由于规则集模型是从决策树、关联规则等转换而来，所以在本章中将直接讲述规则集模型的PMML规范。

3.2 规则集模型元素

在PMML规范中，使用元素RuleSetModel来标记规则集模型。一个规则集模型除了包含所有模型通用的模型属性以及子元素MiningSchema、Output、ModelStats、LocalTransformations和ModelVerification等共性部分外，还包括规则集模型特有的属性和子元素。各种模型共性的内容请参见笔者的另一本书《PMML建模标准语言基础》，这里将主要介绍规则集模型特有的部分。

规则集模型包含了一个特有的规则集子元素RuleSet。

在 PMML 规范中，规则集模型由元素 RuleSetModel 表达，它的定义如下：

```
1. <xs:element name="RuleSetModel">
2.   <xs:complexType>
3.     <xs:sequence>
4.       <xs:element ref="Extension" minOccurs="0" maxOccurs="unbounded"/>
5.       <xs:element ref="MiningSchema"/>
6.       <xs:element ref="Output" minOccurs="0"/>
7.       <xs:element ref="ModelStats" minOccurs="0"/>
8.       <xs:element ref="ModelExplanation" minOccurs="0"/>
9.       <xs:element ref="Targets" minOccurs="0"/>
10.      <xs:element ref="LocalTransformations" minOccurs="0"/>
11.      <xs:element ref="RuleSet"/>
12.      <xs:element ref="ModelVerification" minOccurs="0"/>
13.      <xs:element ref="Extension" minOccurs="0" maxOccurs="unbounded"/>
14.    </xs:sequence>
15.    <xs:attribute name="modelName" type="xs:string" use="optional"/>
16.    <xs:attribute name="functionName" type="MINING-FUNCTION" use="required"/>
17.    <xs:attribute name="algorithmName" type="xs:string" use="optional"/>
18.    <xs:attribute name="isScorable" type="xs:boolean" default="true"/>
19.  </xs:complexType>
20. </xs:element>
```

从这个定义中可以出，规则集模型 RuleSetModel 只有一个特有的规则集子元素 RuleSet。

3.2.1 模型属性

任何一个模型都可以包含 modelName、functionName、algorithmName 和 isScorable 四个属性，其中属性 functionName 是必选的，其他三个属性是可选的。它们的含义请参考第一章神经网络模型的相应部分，此处不再赘述。对于规则集模型来说，属性 functionName = "classification" 或者 "regression"。

规则集模型元素 RuleSetModel 的结构比较简单，它没有自己特有的属性。

3.2.2 模型子元素

规则集子元素 RuleSet 是规则集模型 RuleSetModel 唯一的特有元素。这个元素定义了一个构成模型的规则列表。注意：列表中规则的顺序是非常重要的，特别是在评分应用中。

在 PMML 规范中，规则集子元素 RuleSet 的定义如下：

```xml
1.<xs:element name="RuleSet">
2.    <xs:complexType>
3.      <xs:sequence>
4.        <xs:element ref="Extension" minOccurs="0" maxOccurs="unbounded"/>
5.        <xs:element ref="RuleSelectionMethod" minOccurs="1" maxOccurs="unbounded"/>
6.        <xs:element ref="ScoreDistribution" minOccurs="0" maxOccurs="unbounded"/>
7.        <xs:group ref="Rule" minOccurs="0" maxOccurs="unbounded"/>
8.      </xs:sequence>
9.      <xs:attribute name="recordCount" type="NUMBER" use="optional"/>
10.     <xs:attribute name="nbCorrect" type="NUMBER" use="optional"/>
11.     <xs:attribute name="defaultScore" type="xs:string" use="optional"/>
12.     <xs:attribute name="defaultConfidence" type="NUMBER" use="optional"/>
13.   </xs:complexType>
14.</xs:element>
```

规则集元素 RuleSet 包含了规则选择方式子元素 RuleSelectionMethod、评分数据分布元素 ScoreDistribution 和规则子元素 Rule 等三个子元素。这三个子元素可以组成一个序列多次出现。除此之外，它还具有 recordCount、nbCorrect、defaultScore、defaultConfidence 等四个属性。

首先描述一下规则集元素 RuleSet 的四个属性，它们分别是：

● 记录数量属性 recordCount：可选属性。指定生成规则集所需要的训练（包括测试）的记录数量（样本数据）。

● 默认预测类别记录数量属性 nbCorrect：可选属性。模型默认评分（预测）类别 defaultScore 对应的训练数据中的记录数量。

● 默认预测类别属性 defaultScore：可选属性。模型默认预测类别。在对新数据进行评分中，如果没有任何一条规则被"触发"，则模型返回此属性设置的预测类别。

● 默认置信度属性 defaultConfidence：可选属性。模型默认置信度。在对新数据进行评分时，如果没有任何一条规则被"触发"，则模型返回此属性设置的置信度，与属性 defaultScore 一起使用。

在规则集元素 RuleSet 包含的三个子元素中，评分数据分布元素 ScoreDistribution 在上一章讲解决策树模型时已经做了较为详细的描述，此处不再赘述。这里我们重点讲述一下规则选择方式子元素 RuleSelectionMethod 和规则子元素 Rule。

3.2.2.1 规则选择方式子元素 RuleSelectionMethod

这个子元素指定了在对新数据进行评分时,在多条规则同时被触发的情况下,如何选择规则的方法。如果模型包括了多个方法,则将第一个方法(按顺序)用作评分的默认方法,但也可以由评分的应用程序选择其他包含的方法作为有效的替代方法。

需要注意的是:对于同一条新数据,在评分时被触发的多条规则中,可能包含了目标变量的多个不同的预测类别,也就是说,同一条数据在被触发的不同规则中,其预测类别可以是不同的。

在 PMML 规范中,此元素的定义如下:

```
1. <xs:element name="RuleSelectionMethod">
2.   <xs:complexType>
3.     <xs:sequence>
4.       <xs:element ref="Extension" minOccurs="0" maxOccurs="unbounded"/>
5.     </xs:sequence>
6.     <xs:attribute name="criterion" use="required">
7.       <xs:simpleType>
8.         <xs:restriction base="xs:string">
9.           <xs:enumeration value="weightedSum"/>
10.          <xs:enumeration value="weightedMax"/>
11.          <xs:enumeration value="firstHit"/>
12.        </xs:restriction>
13.      </xs:simpleType>
14.    </xs:attribute>
15.  </xs:complexType>
16. </xs:element>
```

这个元素只有一个必选属性,即规则选择标准属性 criterion,它可以取值 weightedSum,或者 weightedMax,或者 firstHit。它们的具体含义如下。

● **首条命中法 firstHit** 按照顺序,第一条被触发的规则作为预测结果使用的规则。预测类别为命中规则的属性 score 指定的类别,预测类别的置信度为命中规则的属性 confidence 指定的置信度。

在实际评分应用中,如果需要更多的预测值,则继续进行评分,直到找到下一个被触发的规则。

● **最大权重和方法 weightedSum** 在所有被触发的规则中,按照预测类别划分,分别计算每个类别的权重和(由规则子元素 Rule 的属性 weight 指定,本节后面会有描述),最后选择权重和最大的预测类别为预测结果,称为"胜出类别"。预测结果的置信度为胜出类别的置信度之和除以被触发规则条数。需要注意的是:如果最大的权重和对应着两个或多个预测类别，则按照目标变量的类别值在数据字典元素DataDictionary中出现的顺序，选择第一个类别值作为"胜出类别"。

在实际评分应用中，如果需要更多的预测值，则依次选择权重为第二高的预测类别，并计算其置信度，依次类推。

● 最大权重值方法weightedMax　在所有被触发的规则中，直接选择权重最大的规则为命中规则。预测结果为命中规则的属性score指定的类别，预测类别的置信度为命中规则的属性confidence指定的置信度。注意：如果在所有触发的规则中，如果有两个或多个触发规则具有相同的权重值，则按照规则出现的顺序，选择第一条为命中规则。

3.2.2.2　规则子元素Rule

规则子元素Rule包含了0条或多条组成规则集元素RuleSet的规则。在PMML规范中，其定义如下：

```
1.<xs:group name="Rule">
2.    <xs:choice>
3.        <xs:element ref="SimpleRule"/>
4.        <xs:element ref="CompoundRule"/>
5.    </xs:choice>
6.</xs:group>
7.
8.<xs:element name="SimpleRule">
9.    <xs:complexType>
10.       <xs:sequence>
11.           <xs:element ref="Extension" minOccurs="0" maxOccurs="unbounded"/>
12.           <xs:group ref="PREDICATE"/>
13.           <xs:element ref="ScoreDistribution" minOccurs="0" maxOccurs="unbounded"/>
14.       </xs:sequence>
15.       <xs:attribute name="id" type="xs:string" use="optional"/>
16.       <xs:attribute name="score" type="xs:string" use="required"/>
17.       <xs:attribute name="recordCount" type="NUMBER" use="optional"/>
18.       <xs:attribute name="nbCorrect" type="NUMBER" use="optional"/>
19.       <xs:attribute name="confidence" type="NUMBER" use="optional" default="1"/>
20.       <xs:attribute name="weight" type="NUMBER" use="optional" default="1"/>
21.   </xs:complexType>
```

```
22.</xs:element>
23.
24.<xs:element name="CompoundRule">
25.    <xs:complexType>
26.        <xs:sequence>
27.            <xs:element ref="Extension" minOccurs="0" maxOccurs="unbounded"/>
28.            <xs:group ref="PREDICATE"/>
29.            <xs:group ref="Rule" minOccurs="1" maxOccurs="unbounded"/>
30.        </xs:sequence>
31.    </xs:complexType>
32.</xs:element>
```

从上面的定义可以看出，一个规则元素Rule可以包含一个简单规则子元素SimpleRule，或者包含一个复合规则子元素CompoundRule。

这两个子元素中包含了谓词组元素PREDICATE、评分数据分布元素ScoreDistribution。由于我们在上一章讲解决策树模型时已经对它们做了较为详细的描述，所以此处不再赘述。这里我们重点讲述一下这两种规则特有的属性。

（1）简单规则子元素SimpleRule

简单规则元素SimpleRule除了包含一个谓词组元素PREDICATE和评分数据分布元素ScoreDistribution的序列外，还具有下面6个属性。它们分别是：

- 规则唯一标识id：可选属性。用于规则集模型中，本条规则的唯一标识。
- 评分预测值属性score：必选属性。在评分应用中，规则触发时的预测类别值。
- 记录数量属性recordCount：可选属性。指定本条规则触发时所需的训练（包括测试）的记录数量（样本数据）。
- 预测类别记录数量属性nbCorrect：可选属性。指定本条规则触发且预测正确时的训练数据中的记录数量。
- 置信度属性confidence：可选属性，默认值为1。规则的置信度。
- 权重属性weight：可选属性，默认值为1。指定规则相对重要的权重值，它与置信度有类似的作用，但是不一定相等。

（2）复合规则子元素CompoundRule

一个复合规则元素CompoundRule由一个谓词组PREDICATE以及一个或多个规则Rule组成。这里规则Rule既可以是简单规则，也可以是复合规则。

一个同时包含复合规则和简单规则的规则集实际上是与仅包含简单规则的规则集等价的。对一个复合规则集可通过重复下面的转换，转变为一个仅包含简单规则的规则集。

原始的复合规则集为：

```
1.<CompoundRule>
2.    <PREDICATE1/>
3.    <SimpleRule id="1" ...>
4.        <PREDICATE2/>
5.        ... contents of simple rule 1 ...
6.    </SimpleRule>
7.    ... further rules ...
8.</CompoundRule>
```

可以转换为如下的简单规则集：

```
1.<SimpleRule id="1" ...>
2.    <CompoundPredicate booleanOperator="and">
3.        <PREDICATE1>
4.        <PREDICATE2>
5.    </CompoundPredicate>
6.    ... contents of simple rule 1 ...
7.</SimpleRule>
8.<CompoundRule>
9.    <PREDICATE1/>
10.    ... further rules ...
11.</CompoundRule>
```

其中元素CompoundPredicate为复合谓词表达式元素，我们已经在上一章决策树模型中进行了详细的描述，这里不再赘述。

下面我们举一个完整的规则集模型RuleSetModel的例子。假设这个规则集模型包含了三条规则，分别是：

```
1.RULE1:
2.        PREDICATE: BP="HIGH" AND K>0.045804001 AND Age<=50 AND Na<=0.77240998
3.        PREDICTION: drugB
4.        训练/测试指标：
5.              recordCount    79
6.              nbCorrect      76
7.              confidence     0.9
8.              weight         0.9
9.RULE2:
10.        PREDICATE: K>0.057789002 AND BP="HIGH" AND Age<=50
11.        PREDICTION: drugA
12.        训练/测试指标：
```

```
13.             recordCount     278
14.             nbCorrect       168
15.             confidence      0.6
16.             weight          0.6
17.RULE3:
18.         PREDICATE: BP="HIGH" AND Na>0.21
19.         PREDICTION: drugA
20.         训练/测试指标：
21.             recordCount     100
22.             nbCorrect       50
23.             confidence      0.36
24.             weight          0.36
```

根据上面这些规则定义，构建的完整的规则集模型 RuleSetModel 如下（仅使用简单规则）：

```
1.<PMML xmlns="http://www.dmg.org/PMML-4_3" version="4.3">
2.    <Header copyright="MyCopyright">
3.        <Application name="MyApplication" version="1.0"/>
4.    </Header>
5.    <DataDictionary numberOfFields="7">
6.        <DataField name="BP" displayName="BP" optype="categorical" dataType="string">
7.            <Value value="HIGH" property="valid"/>
8.            <Value value="LOW" property="valid"/>
9.            <Value value="NORMAL" property="valid"/>
10.       </DataField>
11.       <DataField name="K" displayName="K" optype="continuous" dataType="double">
12.           <Interval closure="closedClosed" leftMargin="0.020152" rightMargin="0.079925"/>
13.       </DataField>
14.       <DataField name="Age" displayName="Age" optype="continuous" dataType="integer"/>
15.       <DataField name="Na" displayName="Na" optype="continuous" dataType="double"/>
16.       <DataField name="Cholesterol" displayName="Cholesterol" optype="categorical" dataType="string">
17.           <Value value="HIGH" property="valid"/>
18.           <Value value="NORMAL" property="valid"/>
19.       </DataField>
20.       <DataField name="$C-Drug" displayName="$C-Drug" optype="categorical" dataType="string">
```

```xml
21.        <Value value="drugA" property="valid"/>
22.        <Value value="drugB" property="valid"/>
23.        <Value value="drugC" property="valid"/>
24.        <Value value="drugX" property="valid"/>
25.        <Value value="drugY" property="valid"/>
26.     </DataField>
27.     <DataField name="$CC-Drug" displayName="$CC-Drug" optype="continuous" dataType="double"/>
28.   </DataDictionary>
29.   <RuleSetModel modelName="NestedDrug" functionName="classification" algorithmName="RuleSet">
30.     <MiningSchema>
31.       <MiningField name="BP" usageType="active"/>
32.       <MiningField name="K" usageType="active"/>
33.       <MiningField name="Age" usageType="active"/>
34.       <MiningField name="Na" usageType="active"/>
35.       <MiningField name="Cholesterol" usageType="active"/>
36.       <MiningField name="$C-Drug" usageType="target"/>
37.       <MiningField name="$CC-Drug" usageType="supplementary"/>
38.     </MiningSchema>
39.     <RuleSet defaultScore="drugY" recordCount="1000" nbCorrect="149" defaultConfidence="0.0">
40.       <RuleSelectionMethod criterion="weightedSum"/>
41.       <RuleSelectionMethod criterion="weightedMax"/>
42.       <RuleSelectionMethod criterion="firstHit"/>
43.       <SimpleRule id="RULE1" score="drugB" recordCount="79" nbCorrect="76" confidence="0.9" weight="0.9">
44.         <CompoundPredicate booleanOperator="and">
45.           <SimplePredicate field="BP" operator="equal" value="HIGH"/>
46.           <SimplePredicate field="K" operator="greaterThan" value="0.045804001"/>
47.           <SimplePredicate field="Age" operator="lessOrEqual" value="50"/>
48.           <SimplePredicate field="Na" operator="lessOrEqual" value="0.77240998"/>
49.         </CompoundPredicate>
50.         <ScoreDistribution value="drugA" recordCount="2"/>
51.         <ScoreDistribution value="drugB" recordCount="76"/>
52.         <ScoreDistribution value="drugC" recordCount="1"/>
53.         <ScoreDistribution value="drugX" recordCount="0"/>
54.         <ScoreDistribution value="drugY" recordCount="0"/>
55.       </SimpleRule>
```

```
56.        <SimpleRule id="RULE2" score="drugA" recordCount="278" nbCorrect="168" confidence="0.6" weight="0.6">
57.          <CompoundPredicate booleanOperator="and">
58.            <SimplePredicate field="K" operator="greaterThan" value="0.057789002"/>
59.            <SimplePredicate field="BP" operator="equal" value="HIGH"/>
60.            <SimplePredicate field="Age" operator="lessOrEqual" value="50"/>
61.          </CompoundPredicate>
62.          <ScoreDistribution value="drugA" recordCount="168"/>
63.          <ScoreDistribution value="drugB" recordCount="40"/>
64.          <ScoreDistribution value="drugC" recordCount="12"/>
65.          <ScoreDistribution value="drugX" recordCount="14"/>
66.          <ScoreDistribution value="drugY" recordCount="24"/>
67.        </SimpleRule>
68.        <SimpleRule id="RULE3" score="drugA" recordCount="100" nbCorrect="50" confidence="0.36" weight="0.36">
69.          <CompoundPredicate booleanOperator="and">
70.            <SimplePredicate field="BP" operator="equal" value="HIGH"/>
71.            <SimplePredicate field="Na" operator="greaterThan" value="0.21"/>
72.          </CompoundPredicate>
73.          <ScoreDistribution value="drugA" recordCount="50"/>
74.          <ScoreDistribution value="drugB" recordCount="10"/>
75.          <ScoreDistribution value="drugC" recordCount="12"/>
76.          <ScoreDistribution value="drugX" recordCount="7"/>
77.          <ScoreDistribution value="drugY" recordCount="11"/>
78.        </SimpleRule>
79.      </RuleSet>
80.    </RuleSetModel>
81. </PMML>
```

3.2.3 评分应用过程

在一个规则集模型生成之后，我们就可以使用它们来对新的数据进行评分，也就是把规则集中的规则应用于新的数据。首先我们使用上一小节的规则集模型来说明评分过程应该遵循的步骤。

现在假定新的数据如下：

$$BP="HIGH", K=0.0621, Age = 36, Na = 0.5023$$

使用规则集模型对新数据进行评分的过程主要受到规则选择标准属性criterion的取值影响。此属性的不同取值会有不同的计算流程，这里我们主要对这个属性在不同取值下的计算过程进行说明。

（1）规则选择标准属性 criterion = "firstHit"

在这种情况下，根据新数据中预测变量的给定值，规则 RULE1(id = "RULE1")将被触发，预测结果是"drugB"，对应的置信度和权重值均为0.9。

（2）规则选择标准属性 criterion = "weightedSum"

在这种情况下，规则 RULE1(id = "RULE1")、规则 RULE2(id = "RULE2")、规则 RULE3(id = "RULE3")都会被触发。为了计算最终的预测结果，此时需要计算所有触发规则中包含的各种预测目标的权重和，计算如下：

drugA：SumOfWeight(drugA) = weight(RULE2) + weight(RULE3) = 0.6 + 0.36 = 0.96

drugB：SumOfWeight(drugB) = weight(RULE1) = 0.9

由于 SumOfWeight(drugA) 大于 SumOfWeight(drugB)，所以最终胜出的结果为"drugA"。为了进一步计算这个预测结果的置信度，需要计算在所有被触发的规则中，预测结果为"drugA"的规则的置信度之和，最后除以触发规则条数。计算如下：

confidence(drugA) = SumOfConfidence(drugA) / numberOfFiredRules = 0.96/3 = 0.32

其中，SumOfConfidence(drugA) 表示预测结果为"drugA"的规则的置信度之和，这里为0.6+0.36 = 0.96；numberOfFiredRules 为触发规则条数，这里为3。

（3）规则选择标准属性 criterion = "weightedMax"

在这种情况下，在所有被触发的规则中，规则 RULE1(id = "RULE1")具有最大的权重值。所以，最终的预测结果为"drugB"，对应的置信度和权重值均为0.9。

最后，我们举一个使用了复合规则集的例子，请看代码：

```
1.<PMML xmlns="http://www.dmg.org/PMML-4_3" version="4.3">
2.  <Header copyright="MyCopyright">
3.    <Application name="MyApplication" version="1.0"/>
4.  </Header>
5.  <DataDictionary numberOfFields="7">
6.    <DataField name="BP" displayName="BP" optype="categorical" dataType="string">
7.      <Value value="HIGH" property="valid"/>
8.      <Value value="LOW" property="valid"/>
9.      <Value value="NORMAL" property="valid"/>
10.   </DataField>
11.   <DataField name="K" displayName="K" optype="continuous" dataType="double">
12.     <Interval closure="closedClosed" leftMargin="0.020152" rightMargin="0.079925"/>
13.   </DataField>
```

```xml
14.    <DataField name="Age" displayName="Age" optype="continuous" dataType="integer">
15.        <Interval closure="closedClosed" leftMargin="15" rightMargin="74"/>
16.    </DataField>
17.    <DataField name="Na" displayName="Na" optype="continuous" dataType="double">
18.        <Interval closure="closedClosed" leftMargin="0.500517" rightMargin="0.899774"/>
19.    </DataField>
20.    <DataField name="Cholesterol" displayName="Cholesterol" optype="categorical" dataType="string">
21.        <Value value="HIGH" property="valid"/>
22.        <Value value="NORMAL" property="valid"/>
23.    </DataField>
24.    <DataField name="$C-Drug" displayName="$C-Drug" optype="categorical" dataType="string">
25.        <Value value="drugA" property="valid"/>
26.        <Value value="drugB" property="valid"/>
27.        <Value value="drugC" property="valid"/>
28.        <Value value="drugX" property="valid"/>
29.        <Value value="drugY" property="valid"/>
30.    </DataField>
31.    <DataField name="$CC-Drug" displayName="$CC-Drug" optype="continuous" dataType="double">
32.        <Interval closure="closedClosed" leftMargin="0" rightMargin="1"/>
33.    </DataField>
34. </DataDictionary>
35. <RuleSetModel modelName="Drug" functionName="classification" algorithmName="RuleSet">
36.    <MiningSchema>
37.        <MiningField name="BP" usageType="active"/>
38.        <MiningField name="K" usageType="active"/>
39.        <MiningField name="Age" usageType="active"/>
40.        <MiningField name="Na" usageType="active"/>
41.        <MiningField name="Cholesterol" usageType="active"/>
42.        <MiningField name="$C-Drug" usageType="target"/>
43.        <MiningField name="$CC-Drug" usageType="supplementary"/>
44.    </MiningSchema>
45.    <RuleSet defaultScore="drugY" recordCount="1000" nbCorrect="149" defaultConfidence="0.0">
46.        <RuleSelectionMethod criterion="weightedSum"/>
47.        <RuleSelectionMethod criterion="weightedMax"/>
48.        <RuleSelectionMethod criterion="firstHit"/>
```

```xml
49.     <CompoundRule>
50.         <SimplePredicate field="BP" operator="equal" value="HIGH"/>
51.         <CompoundRule>
52.             <SimplePredicate field="Age" operator="lessOrEqual" value="50"/>
53.             <SimpleRule id="RULE1" score="drugB" recordCount="79" nbCorrect="76" confidence="0.9" weight="0.9">
54.                 <CompoundPredicate booleanOperator="and">
55.                     <SimplePredicate field="K" operator="greaterThan" value="0.045804001"/>
56.                     <SimplePredicate field="Na" operator="lessOrEqual" value="0.77240998"/>
57.                 </CompoundPredicate>
58.                 <ScoreDistribution value="drugA" recordCount="2"/>
59.                 <ScoreDistribution value="drugB" recordCount="76"/>
60.                 <ScoreDistribution value="drugC" recordCount="1"/>
61.                 <ScoreDistribution value="drugX" recordCount="0"/>
62.                 <ScoreDistribution value="drugY" recordCount="0"/>
63.             </SimpleRule>
64.             <SimpleRule id="RULE2" score="drugA" recordCount="278" nbCorrect="168" confidence="0.6" weight="0.6">
65.                 <SimplePredicate field="K" operator="greaterThan" value="0.057789002"/>
66.                 <ScoreDistribution value="drugA" recordCount="168"/>
67.                 <ScoreDistribution value="drugB" recordCount="40"/>
68.                 <ScoreDistribution value="drugC" recordCount="12"/>
69.                 <ScoreDistribution value="drugX" recordCount="14"/>
70.                 <ScoreDistribution value="drugY" recordCount="24"/>
71.             </SimpleRule>
72.         </CompoundRule>
73.         <SimpleRule id="RULE3" score="drugA" recordCount="100" nbCorrect="50" confidence="0.36" weight="0.36">
74.             <SimplePredicate field="Na" operator="greaterThan" value="0.21"/>
75.             <ScoreDistribution value="drugA" recordCount="50"/>
76.             <ScoreDistribution value="drugB" recordCount="10"/>
77.             <ScoreDistribution value="drugC" recordCount="12"/>
78.             <ScoreDistribution value="drugX" recordCount="7"/>
79.             <ScoreDistribution value="drugY" recordCount="11"/>
80.         </SimpleRule>
81.     </CompoundRule>
82.   </RuleSet>
83. </RuleSetModel>
84.</PMML>
```

4 序列模型（SequenceModel）

4.1 序列模型基础知识

序列是一个具有顺序的元素列表，以〈$e_1\ e_2\ e_3\cdots e_n$〉表示，其中尖括号表示元素顺序是有意义的。在序列中，一个元素即可以是单个项（item），也可以是一个项集（itemset），其中项集是项的集合，以圆括号"( )"包含各个项表示（一个项集中的项是没有顺序意义的，并且不会出现重复的项）。这里项与项集的概念与关联规则中的项和项集的概念是一致的，即一个项代表了一个事物或事件，如一件商品、一种气象、一种地形等。我们把一段时间以来某个客户在超市中购买的商品类别，按照购买时间的先后排列，就可以称为一个序列，所以，序列可以看作是一个有序的项集列表，或者说是一个按照事务发生时间排序的事务列表，一个事务对应着一个项集。实际上，有序即可以代表时间上有序，也可以表示空间上有序。例如：

时间序列：顾客先购买了计算机，10天内又购买了大容量U盘，2个月后又购买了数码相机。

空间序列：在下班时间，A路口出现了堵车，在向北方向的路口B也出现了堵车。

为了更清楚地说明序列模型，我们需要了解子序列（Subsequence）和超序列（Super sequence）这两个概念。

给定两个序列：α 和 β，其中：

$$\alpha=\langle\alpha_1\ \alpha_2\ \alpha_3\cdots\ \alpha_n\rangle\text{有}n\text{个元素;}$$
$$\beta=\langle\beta_1\ \beta_2\ \beta_3\cdots\ \beta_m\rangle\text{有}m\text{个元素;}$$

如果存在 n 个整数 j_i ($j = 1 \sim n$)，且 $1 \leq j_1 < j_2 < \cdots j_n \leq m$，满足：

$$\alpha_1\subseteq\beta_{j1},\alpha_2\subseteq\beta_{j2},\cdots,\alpha_n\subseteq\beta_{jn}$$

也就是说，对于序列 α 中的每个元素 α_i，总能在序列 β 中找到一个对应的元素 β_j，满足元素 α_i 是元素 β_j 的子集，且保持各自原有的顺序。此时我们称序列 α 是序列 β 的子序列，以 $\alpha\subseteq\beta$ 表示；对应地，称序列 β 是序列 α 的超序列。下面我们举例说明，对于序列 S_1 和序列 S_2：

$$S_1=\langle(ab)\ d\rangle$$
$$S_2=\langle(abc)\ f(de)\rangle$$

上式中，圆括号表示这是序列中的一个无序项集的元素，也就是圆括号内的各项是没有顺序意义的。不过在实际应用中，为了展示清楚明了，通常项集内各项是按照字典顺序排列的，并且对于只有一个项的元素，忽略圆括号。

在上面的序列例子中，由于序列 S_1 的第一个元素 (ab) 是序列 S_2 的第一个元素 (abc) 的子集，即 (ab)$\subseteq$(abc)；序列 S_1 的第二个元素 d 是序列 S_2 的第三个元素 (de) 的子集，即 $d\subseteq$(de)。所以，序列 S_1 是序列 S_2 的子序列，也就是序列 S_2 是序列 S_1 的超序列。

而对于序列 S_3 和序列 S_4：

$$S_3=\langle (ab)\,e \rangle$$
$$S_4=\langle (ab\,e) \rangle$$

上式中，序列 S_3 不是序列 S_4 的子序列。

序列模型的目标就是在给定一个序列数据集的情况下，发现其中所蕴含的频繁序列模式（frequent sequential pattern）。频繁序列模式是指大于最小支持度的子序列，也称之为序列规则（Sequence rule）。一个序列规则定义了两个序列之间的顺序关系，而一个序列模型（Sequence model）则是由一系列序列规则组成的挖掘模型。一个序列规则的例子是：

"8%的客户在一次购物中购买了啤酒和尿布之后，在一个月之内的随后一个购物中购买了婴儿奶粉"

序列模型与关联规则模型非常类似，但是关联规则模型并不考虑项或项集之间的顺序信息，它关注的是数据集合中同时出现的频繁项集；而序列模型是需要考虑项或项集（元素）之间的顺序关系的，并且是关注的重点。

在模型构建过程中，序列模型使用的序列数据集与关联规则模型所使用的事务型数据集也有所不同。在构建关联规则模型时，所处理的一条数据记录往往对应着一个事务，而序列模型中所处理的一条序列数据可能包含了多个事务的数据（依据不同的时间窗口）。表4-1展示了两种数据集的不同。

表4-1 事务型数据集与序列数据集

事务型数据集		序列数据集	
TID(事务ID)	项集	SID(序列ID)	序列
11	a, b, d	11	<a (abc) (ac) d (cf)>
12	a, c, d	12	<(ad) c (bc) (ae)>
13	a, d, e	13	<(ef) (ab) (df) c b>
14	b, e, f	14	<e g (af) c b c>

注：表中红色的子序列<(ab) c>为一个潜在的频繁序列模式（序列规则）。

简单来说，序列模型就是考虑时间或空间顺序关系的关联规则，它的核心任务就是寻找事件变化的前后关联性，挖掘出带有一定因果关系的序列规则。关于关联规则模型的内容，请读者参见本书的上集《数据挖掘与机器学习：PMML建模（上）》。

一条序列规则可以使用 if…then… 的形式来表达两个序列之间的关系，如：

$$\text{if}<\text{序列}A>\text{then}<\text{序列}C>$$

其中序列 A 称为规则的前项序列（antecedent sequence），序列 C 称为规则的后项序列（consequent sequence）。为了更好地讲解本章的内容，这里把一个序列规则涉及的支持度、置信度和提升度等三个概念说明一下。

（1）支持度（support）

在所有序列数据集中，同时包含前项序列A和后项序列C的序列数据（保持顺序不变）所占的比例，称为规则的支持度，用support(A->C)来表示，即$P(A$->$C)$。

注意：由于前项序列A和后项序列C出现顺序的不同。一般情况下，support(A->C)与support(C->A)是不同的，这与关联规则的支持度不同。

前项序列A的支持度为包含A的序列数据与全部序列数据的比例，记为support(A)，即$P(A)$；同理，后项序列C的支持度为包含C的序列数据与全部序列数据的比例，记为support(C)，即$P(C)$。

（2）置信度（confidence）

同时包含前项序列A和后项序列C的序列数据（保持顺序不变）与前项序列A出现的次数之比，表示了一个规则成立的可能性，反映了一个规则的可信（可以被接受）的程度，用confidence(A->C)来表示。公式为：

$$\text{confidence}(A\text{->}C) = \text{support}(A\text{->}C)/\text{support}(A)$$

（3）提升度（lift）

提升度lift(A->C)是一条序列规则的实际支持度support(A->C)与期望支持度supportE(A->C)之比。其中期望支持度的计算公式如下：

$$\text{supportE}(A\text{->}C) = \frac{\text{support}(A) \times \text{support}(C)}{\text{binomialCoefficient}(n_A+n_C, n_C)}$$

式中n_A、n_C分别表示前项序列A、后项序列C在序列数据集中出现的次数；binomialCoefficient(n_A+n_C, n_C)为二项式系数，即：

$$\text{binomialCoefficient}(n_A+n_C, n_C) = C_{n_A+n_C}^{n_C}$$

序列规则的提升度与关联规则的提升度的公式是有区别的，这里多了一个二项式系数分母因子。这个因子考虑前项A和后项C是有时间或空间排列顺序的这一前提。

提升度是判定一个规则是否可用的指标，它反映了规则中的前项A与后项C的相关性，描述了在使用规则的条件下效果可以提高多少倍。如果提升度大于1，说明本条规则是有效的，否则，即使支持度和置信度再高，这条规则也是无效的。所以，提升度越大越好。

序列模型是一种应用非常广泛的挖掘技术，在客户购物顺序研究、网站点击次序分析、在线学习中学习者的行为分析、自然语言处理中的文本出现顺序研究、自然灾害预测、医疗和DNA序列分析等等领域都有非常重要的应用。从模型构建过程来看，由于潜在的候选频繁序列模式数量巨大，所以一个实现算法将面临着以下挑战：

● 如何发现所有满足最小支持度（频率）的频繁序列模式；
● 如何以最小遍历次数实现高效、可扩展搜索；

- 根据用户的需求，融入不同约束条件的能力。

与关联规则模型中的算法一样，序列模型的算法也都是无监督机器学习的算法。目前常用的实现序列模型的算法包括以下三种：

➢ GSP：通用序列模式算法（Generalized Sequential Pattern）；
➢ SPADE：等价类应用序列模式发现算法（Sequential Pattern Discovery using Equivalent class）；
➢ PrefixSpan：前缀投影序列模式挖掘算法（Prefix-projected Sequential Pattern mining）。

4.2 序列模型算法简介

4.2.1 GSP算法

通用序列模式算法GSP（Generalized SequentialPattern）是由Ramakrishnan Srikant和Rakesh Agrawal两位学者于1996年提出的寻找序列规则的算法，它扩展了关联规则模型的Apriori算法，引入了时间约束、滑动时间窗口和项的分类层次，发掘潜在的频繁序列模式，构建序列模型。

GSP算法基于下面的基本判断：如果一个序列S不是一个频繁序列，那么它的任何一个超序列肯定也不是频繁序列。例如，假定序列$\langle h\ b \rangle$是一个非频繁序列，那么序列$\langle h\ a\ b \rangle$、$\langle (ah)\ b \rangle$等也都不是频繁序列。

GSP算法的原理如下：首先，对序列添加时间约束，指定相邻元素之间的最小或最大时间跨度；其次，放宽一个序列元素中的项必须来自于同一个事务的限制，允许一个元素内的项可以来自于不同的事务（一个事务组），只要事务组内的事务发生的时间跨度在用户指定的时间窗口内即可；最后，考虑项的层次分类（taxonomy），一个序列规则中可以包含不同层次的项。

关于项的层次分类，这里有必要详细描述一下，以图4-1所示图书层次分类为例说明。在图4-1所示的例子中，假如一个客户购买了"通俗天文"类图书之后，又购买了

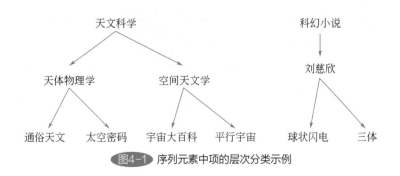

图4-1 序列元素中项的层次分类示例

"球状闪电"图书,这个序列数据可符合下面的序列规则:

➤ 客户购买了"通俗天文"类图书,随后会购买"球状闪电"类图书;
➤ 客户购买了"天体物理学"类图书后,随后会购买"球状闪电"类图书;
➤ 客户购买了"天文科学"方面的图书后,随后会购买"刘慈欣"的图书;
等等。

在进一步讲述GSP算法之前,首先明确一个概念:序列的长度。一个序列的长度不等于它的元素个数,而是等于它所包含的项(item)的数目(包括重复的项)。例如,序列$<a\,(bc)>$的长度为3,因为它包含了3个项,称为3序列;序列$<(ef)\,(ab)\,(df)\,c\,b>$的长度为8,因为它包含了8个项,其中重复的f、b项也重复计算在内,称为8序列。

GSP算法基本步骤如下:

(1) 设置最小支持度minSup(为0～1之间的数值),作为判断一个候选序列模式是否可以修剪的阈值。

(2) 初始化种子集:首先获取所有长度为1的候选序列模式C_1,即序列数据集中所有的不同项(去除重复);然后扫描数据集进行支持度计算,删除所有支持度小于最小支持度minSup的独立项(修剪或剪枝),获得长度为1的序列模式L_1,即初始种子集。

(3) 基于初始种子集,通过自连接操作生成长度为2的候选序列模式C_2。然后扫描数据集进行支持度计算,删除所有支持度小于最小支持度minSup的候选序列模式,生成长度为2的频繁序列模式L_2(序列规则),作为新的种子集。

(4) 基于上一步新的种子集,持续进行自连接和修剪操作,生成长度为i($i \geq 3$)的序列模式L_i(序列规则),作为新的种子集。

(5) 持续重复上一步的工作,直到没有新的序列模式或新的候选序列模式产生为止,生成最终的频繁序列模式(序列规则)。

从GSP算法的步骤可以看出,这种算法会生成不同长度的序列模式。

下面我们以例子的方式讲述GSP算法的整个流程。

假设我们现在有表4-2所示的数据,设定序列规则(频繁序列模式)最小支持度$minSup = 0.4$。我们的目标是根据示例数据和最小支持度寻找各种序列规则。

表4-2 GSP算法示例数据

SID(序列ID)	序列数据集
11	$<(bd)\,c\,b\,(ac)>$
12	$<(bf)\,(ce)\,b\,(fg)>$
13	$<(ah)\,(bf)\,a\,b\,f>$
14	$<(be)\,(ce)\,d>$
15	$<a\,(bd)\,b\,c\,b\,(ade)>$

下面是具体的步骤。

第一步 初始化长度为1的候选序列模式。首先从序列数据集中分离出长度为1的候选序列模型,这本案例中,有8个候选序列模式:

$$C_1=\{<a><b><c><d><e><f><g><h>\}$$

进一步扫描序列数据集,并计算每个候选序列模式的支持度。表4-3为计算结果和根据最小支持度的剪枝结果。

表4-3 长度为1的序列模式计算

候选C_1	计算支持度	剪枝结果	minSup
$<a>$	3/5 = 0.6	保留	
$<b>$	5/5 = 1.0	保留	
$<c>$	4/5 = 0.8	保留	最小支持度 minSup = 0.4
$<d>$	3/5 = 0.6	保留	(如果一个序列S不是一个频繁序列,那么它的任何一个超序列肯定也不是频繁序列。)
$<e>$	3/5 = 0.6	保留	
$<f>$	2/5 = 0.4	保留	
$<g>$	1/5 = 0.2	去除	
$<h>$	1/5 = 0.2	去除	

通过这一步,我们可得到长度为1的序列模式L_1为6个,如下:

$$L_1=\{<a><b><c><d><e><f>\}$$

序列模式L_1会作为下一次迭代的种子集合。

第二步 生成长度为2的候选序列模式C_2,并根据最小支持度确定长度为2的序列模式L_2。

长度为2的候选序列模式C_2的生成过程是通过对L_1的自连接完成的。自连接的方法是通过L_1中的任何两个项合成一组,这种合成结果中既有排列(有顺序关系,并且包括重复项),也有组合(无顺序关系,并且不包括重复项)。其中有顺序关系的长度为2的排序序列共有36个结果,如表4-4所示。结果中包括重复项的情况,因为$<a\ a>$这样的序列也是一个长度为2的序列。其计算公式为:

$$P_6^1 \times P_6^1 = 6 \times 6 = 36$$

表4-4 长度为2的排列候选序列模式

I \ II	$<a>$	$<b>$	$<c>$	$<d>$	$<e>$	$<f>$
$<a>$	$<a\ a>$	$<a\ b>$	$<a\ c>$	$<a\ d>$	$<a\ e>$	$<a f>$
$<b>$	$<b\ a>$	$<b\ b>$	$<b\ c>$	$<b\ d>$	$<b\ e>$	$<b f>$
$<c>$	$<c\ a>$	$<c\ b>$	$<c\ c>$	$<c\ d>$	$<c\ e>$	$<c f>$
$<d>$	$<d\ a>$	$<d\ b>$	$<d\ c>$	$<d\ d>$	$<d\ e>$	$<d f>$
$<e>$	$<e\ a>$	$<e\ b>$	$<e\ c>$	$<e\ d>$	$<e\ e>$	$<e f>$
$<f>$	$<f a>$	$<f b>$	$<f c>$	$<f d>$	$<f e>$	$<f f>$

没有顺序关系的长度为2的组合序列共有15个结果，如表4-5所示。注意结果中已经不包括重复项的情况。关于重复项又可分为两种情况：

- 类似<(aa)>这样的序列，由于(aa)是一个项集（Itemset），我们认为是在一个事件或事务中的，所以只保留一个项即可，即<(a)>，而这是一个长度为1的序列模式，它已经存在于第一步的结果中了。
- 类似<(ab)>、<(ba)>这样的序列，由于(ab)和(ab)是同一个项集，所以只取一个即可。

考虑到上面的两种情况，没有顺序关系的组合计算公式为：

$$\frac{C_6^1 \times C_5^1}{2} = \frac{6 \times 5}{2} = 15$$

表4-5　长度为2的组合候选序列模式

I \ II	<a>	<b>	<c>	<d>	<e>	<f>
<a>		<(ab)>	<(ac)>	<(ad)>	<(ae)>	<(af)>
<b>			<(bc)>	<(bd)>	<(be)>	<(bf)>
<c>				<(cd)>	<(ce)>	<(cf)>
<d>					<(de)>	<(df)>
<e>						<(ef)>
<f>						

所以，最后长度为2的候选序列模式C_2共有36+15 = 51个。

$$C_2 = \{<a\ a><a\ b><a\ c>\cdots<(ab)><(ac)>\cdots<(ef)>\}$$

通过自连接方式获得所有候选序列模式后，通过对数据进行多次扫描，计算每个候选序列模式的支持度，并根据最小支持度进行剪枝后的长度为2的序列模式L_2共有19个。篇幅所限，这里不一一列出。结果如下：

$$L_2 = \{<a\ a><a\ b>\cdots<f f>\}$$

序列模式L_2会作为下一次迭代的种子集合。

第三步　持续进行上一步的迭代。每次迭代都是以上一次的结果为基础，进行自连接和剪枝操作，不断生成长度为i（$i \geq 3$）的序列模式L_i（序列规则），直到没有新的序列模式或新的候选序列模式产生为止。表4-6展示了每次迭代的结果。

表4-6　每次迭代结果

迭代次数	迭代结果（序列模式）
5	1个候选序列模式，剪枝后获得1个长度为5的序列模式。 $L_5 = \{<(bd)\ c\ b\ a>\}$
4	8个候选序列模式，剪枝后获得6个长度为4的序列模式。 $L_4 = \{<(bd)b\ c>\cdots\}$

续表

迭代次数	迭代结果（序列模式）
3	46个候选序列模式，剪枝后获得19个长度为3的序列模式。 $L_3 = \{<a\,b\,b><a\,a\,b>\cdots\}$
2	51个候选序列模式，剪枝后获得19个长度为2的序列模式。 $L_2 = \{<a\,a><a\,b><b\,a>\cdots\}$
1	8个候选序列模式，剪枝后获得6个长度为1的序列模式。 $L_1 = \{<a><b><c><d><e><f>\}$

第四步 最终结果为所有长度为1，2，3，4，5的序列模式集合。即：

$$L_2 = \{<a\,a><a\,b>\cdot$$

至此，一个完整的GSP算法的流程节结束了。

GSP算法使用了和Apriori算法相同的方式进行剪枝，这大大减少了搜索空间。但是也存在着以下两个缺点：

➢ 生成太多的候选序列模式，特别是有些候选序列模式根本不会出现在序列数据集中，会浪费大量的计算时间。

➢ 多次重复遍历序列数据集。

➢ 对长序列模式的挖掘比较困难。由于以上两点，当候选序列模式长度较大时，性能往往后急剧下降，造成长序列模式的生成较为困难。

由于具有以上不足之处，在数据量很大时，造成的空间和时间成本会异常巨大，所有为了进一步提升效率，需要更好的实现算法。其中SPADE（Sequential PAttern Discovery using Equivalent class）算法就是对GSP算法的改进，目前已经被广泛应用。

4.2.2 SPADE算法

上面讲述的GSP算法在具体实现过程中，需要不断重复对序列数据集进行扫描，并且使用了复杂的哈希结构，这样导致性能比较低。为了解决这种问题，学者Mohammed J. Zaki于2001年提出了SPADE算法，即等价类应用序列模式发现算法。

SPADE算法将序列数据表示成一种垂直的形式，利用组合属性将原始问题分解成更小的子问题，使用垂直ID-LIST序列数据集格式，采用了高效的网格搜索技术和简单的连接操作来解决每个子问题，最后达到了只需要三次扫描序列数据集就可以发现所有的频繁序列模式，即序列规则。

关于垂直ID-LIST数据集格式，可以参照表4-7、表4-8、表4-9和表4-10进行对比学习。其中表4-7展示的是GSP算法中用到的水平序列数据集的格式；表4-8是SPADE算法中用到的垂直序列数据集的格式；表4-9和表4-10分别是SPADE算法实现过程中，转换后的ID-LIST数据集格式。

表4-7 GSP算法中的水平序列数据集格式

SID(序列ID)	序列数据集
1	<a(abc) (ac) d (cf)>
2	<(ad) c (bc) (ae)>
3	<(ef) (ab) (df) c b>
4	<e g (af) c b c>

表4-8 SPADE算法中垂直序列数据集格式（与表4-7是同一份数据）

SID(序列ID)	EID(事务ID)	序列数据集
1	1	a
1	2	abc
1	3	ac
1	4	d
1	5	cf
2	1	ad
2	2	c
2	3	bc
2	4	ae
...	...	...
4	6	c

表4-9 长度为1的ID-LIST序列数据集格式

<a>		<b>		...
SID	EID	SID	EID	...
1	1	1	2	
1	2	2	3	
1	3	4	2	
2	1	3	5	
2	4	4	5	
3	2			
4	3			

表4-10 长度为2的ID-LIST序列数据集格式

<a b>			...
SID	EID_1	EID_2	...
1	1	2	
2	1	3	
3	2	5	
4	3	5	

与通用序列模式算法GSP算法相比，SPADE算法更多的是从规则发现的内部实现上减少了数据集的扫描次数（只需要3次），极大地提升了性能。不过从实现步骤来看，依旧使用了自连接和剪枝相结合的方式，这与GSP算法是一致的。

关于SPADE算法的具体实现过程，这里不再赘述，请读者自行查阅相关资料。

4.2.3 PrefixSpan算法

前缀投影序列模式挖掘算法PrefixSpan（Prefix-projected Sequential Pattern mining），是由学者Jian Pei和Jiawei Han等人于2004年提出的，是一种基于模式增长（Pattern-Growth-Based）的算法，采用了分而治之的思想，不断产生序列数据集的多个更小的投影数据集，然后在各个投影数据集上进行序列模式挖掘，最后把结果汇总，就是所有的频繁序列模式集合。这极大地减少了候选序列模式生成数量，同时大大减小投影后的序列数据集的大小，从而导致了非常高效的处理，其性能要比GSP算法优异得多。

下面我们对PrefixSpan中用到的前缀、投影、后缀等重要概念进行描述一下。这里我们假定一个序列数据的元素中的各项总是按照字典顺序排序的。

（1）前缀Prefix

前缀是两个序列之间的一种关系。对于序列α和β：

$$\alpha = \langle \alpha_1\, \alpha_2\, \alpha_3 \cdots \alpha_n \rangle 有 n 个元素；$$
$$\beta = \langle \beta_1\, \beta_2\, \beta_3 \cdots \beta_m \rangle 有 m 个元素。$$

这里$m \leq n$。如果满足以下三个条件：

① $\beta_i = \alpha_i (i \leq m-1)$；

② $\beta_m \subseteq \alpha_m$；

③ 且$(\alpha_m - \beta_m)$中的项均在α_m中后面的元素中。

那么，就称β是α的前缀。实际上前缀就是一个序列数据的前面部分的一个子序列。例如，对于序列<a>、<a a>、<a (ab)>、<a (abc)>均为序列S = <a (abc) (ac) d (cf)>的前缀，但是<a b>、<a (bc)>不是序列S的前缀。

（2）投影 Projection

投影是一个序列关于其某个子序列的关系。对于序列 α 和 β，β 是 α 的一个子序列，如果一个序列满足下面的条件，则称其为 α 基于子序列 β 的投影，以 α' 表示：

① β 是 α' 的前缀；
② 不存在 α' 的超序列 α''，使得 α'' 是 α 和 β 的子序列。

例如，序列 $\alpha = <a\ (abc)\ (ac)\ d\ (cf)>$ 基于其子序列 $\beta = <(bc)a>$ 的投影序列 α' 为：

$$\alpha' = <(bc)\ (ac)\ d\ (cf)>。$$

（3）后缀 Suffix

后缀是相对于前缀而言的。给定一个序列，对于它的某个前缀而言，此序列中除去前缀后剩余的子序列即为后缀。如果前缀子序列最后的项是一个项集的一部分，则在后缀中用占位符 "_" 来表示。例如给定序列 $\alpha = <a\ (abc)\ (ac)\ d\ (cf)>$：

➢ 相对于它的前缀 $<a>$ 来说，其后缀序列为 $<(abc)\ (ac)\ d\ (cf)>$；
➢ 相对于它的前缀 $<a\ a>$ 来说，其后缀序列为 $<(\_bc)\ (ac)\ d\ (cf)>$；
➢ 相对于它的前缀 $<a\ (ab)>$ 来说，其后缀序列为 $<(\_c)\ (ac)\ d\ (cf)>$。

基于以上概念，PrefixSpan 算法不用产生候选序列，而是通过不断缩小投影数据集来实现频繁序列模式的搜索。其内存消耗比较稳定，性能高，相对于 GSP 算法、SPADE 算法而言，有较大的优势。下面是该算法的实现步骤：

① 遍历整个序列数据集，获取长度为 1 的序列模式（删除支持度小于给定阈值 minSup 的序列）；
② 根据第一步获得长度为 1 的序列模式集，生成对应的投影数据集；
③ 在每个投影数据集上，重复上述步骤，直到不能产生长度为 1 的序列模式为止。

算法步骤如图 4-2 所示。

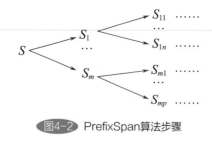

图 4-2 PrefixSpan 算法步骤

4.3 序列模型元素

在 PMML 规范中，使用元素 SequenceModel 来标记序列模型。对于一个序列模型，在其挖掘模式子元素 MiningSchema 中定义的所有变量 MiningField 中，必须有一个变量的属性usageType设置为"group"，它的作用是把项集（itemset）划分到不同的事务组中。进一步，如果还有一个变量的属性usageType设置为"order"，则这个变量定义了一个事务组中各个项集出现的时间信息。此时，此变量在数据字典DataDictionary中定义时用到的属性datatype则指定了时间的度量单位。例如，如果其属性datatype = "dateDaysSince[1970]"，则时间度量单位为"天"，表示从1970年1月1日0时0分0秒0毫秒开始计算到事务发生的日期时经过的天数。

如果没有变量的属性usageType设置为"order"，则模型认为所有事务是以等距时间发生的。在这种情况下，序列模型中时间的度量单位已经无关紧要了。此时，时间用整数值表示，一个事务组中连续事务以1个时间单位间隔。

一个序列模型SequenceModel除了包含所有模型通用的模型属性以及子元素MiningSchema、Output、ModelStats、LocalTransformations和ModelVerification等共性部分外，还包括序列模型特有的属性和子元素。各种模型共性的内容请参见笔者的另一本书《PMML建模标准语言基础》，这里将主要介绍序列模型特有的部分。以下7点是序列模型特有的内容。

① 模型特有的属性（包括numberOfTransactions、maxNumberOfItemsPerTransaction、avgNumberOfItemsPerTransaction、numberOfTransactionGroups、maxNumberOfTAsPerTAGroup、avgNumberOfTAsPerTAGroup等6个）。

② 约束子元素Constraints。

③ 项子元素Item。

④ 项集子元素Itemset。

⑤ 谓词集子元素SetPredicate。

⑥ 序列子元素Sequence。

⑦ 序列规则子元素SequenceRule。

在PMML规范中，序列模型元素SequenceModel的定义如下：

```
1.<xs:element name="SequenceModel">
2.  <xs:complexType>
3.    <xs:sequence>
4.      <xs:element ref="Extension" minOccurs="0" maxOccurs="unbounded"/>
5.      <xs:element ref="MiningSchema"/>
6.      <xs:element ref="ModelStats" minOccurs="0"/>
7.      <xs:element ref="LocalTransformations" minOccurs="0"/>
8.      <xs:element ref="Constraints" minOccurs="0"/>
9.      <xs:element ref="Item" minOccurs="0" maxOccurs="unbounded"/>
10.     <xs:element ref="Itemset" minOccurs="0" maxOccurs="unbounded"/>
11.     <xs:element ref="SetPredicate" minOccurs="0" maxOccurs="unbounded"/>
12.     <xs:element ref="Sequence" maxOccurs="unbounded"/>
13.     <xs:element ref="SequenceRule" minOccurs="0" maxOccurs="unbounded"/>
```

```
14.        <xs:element ref="Extension" minOccurs="0" maxOccurs="unbounded"/>
15.    </xs:sequence>
16.    <xs:attribute name="modelName" type="xs:string"/>
17.    <xs:attribute name="functionName" type="MINING-FUNCTION" use="required"/>
18.    <xs:attribute name="algorithmName" type="xs:string"/>
19.    <xs:attribute name="numberOfTransactions" type="INT-NUMBER"/>
20.    <xs:attribute name="maxNumberOfItemsPerTransaction" type="INT-NUMBER"/>
21.    <xs:attribute name="avgNumberOfItemsPerTransaction" type="REAL-NUMBER"/>
22.    <xs:attribute name="numberOfTransactionGroups" type="INT-NUMBER"/>
23.    <xs:attribute name="maxNumberOfTAsPerTAGroup" type="INT-NUMBER"/>
24.    <xs:attribute name="avgNumberOfTAsPerTAGroup" type="REAL-NUMBER"/>
25.    <xs:attribute name="isScorable" type="xs:boolean" default="true"/>
26. </xs:complexType>
27.</xs:element>
```

从这个定义中可以看出，序列模型元素SequenceModel具有numberOfTransactions、maxNumberOfItemsPerTransaction、avgNumberOfItemsPerTransaction等6个特有的属性，并且还包含了Constraints、Item、Itemset、SetPredicate等6个特有的子元素。本章将重点描述序列模型SequenceModel特有的属性和子元素。

4.3.1 模型属性

任何一个模型都可以包含modelName、functionName、algorithmName和isScorable 4个属性，其中属性functionName是必选的，其他3个属性是可选的。它们的含义请参考第一章神经网络模型的相应部分，此处不再赘述。对于序列模型来说，属性functionName="sequences"。

序列模型除了具有上面几个所有模型共有的属性外，还具有6个特有的属性，这6个特有属性定义了模型级别的数据，主要作用是为评分应用程序提供额外信息。它们分别是：

（1）事务总数属性numberOfTransactions

可选属性。此属性指明了训练数据集（序列数据集）中事务的总数。一个序列数据包含多个事务，一个事务对应着一个项集，一个项集可包含一个或多个项。

（2）单个事务中最大项数属性maxNumberOfItemsPerTransaction

可选属性。此属性指明了训练数据集中的最大事务所包含的项数量。

（3）平均每个事务中项数属性 avgNumberOfItemsPerTransaction

可选属性。此属性指明了训练数据中平均每个事务所包含的项数量。

（4）事务组总数属性 numberOfTransactionGroups

可选属性。此属性指明了训练数据中事务组的数量，事务组由挖掘模式 MiningSchema 中属性 usageType=group 的字段划分，通常为客户 ID、用户 ID 等。

（5）单个事务组中最大事务数属性 maxNumberOfTAPerTAGroup

可选属性。此属性指明了训练数据中的最大事务组所包含的事务数量。

（6）平均每个事务组中事务数属性 maxNumberOfTAPerTAGroup

可选属性。此属性指明了训练数据中平均每个事务组所包含的事务数量。

4.3.2 模型子元素

序列模型元素 SequenceModel 包含了 Constraints、Item、Itemset、SetPredicate 等 6 个特有的子元素。其中项子元素 Item 和项集子元素 Itemset 已经在本书的上集《数据挖掘与机器学习：PMML 建模（上）》中，讲述关联规则模型 AssociationModel 时给予了详细的说明，这里不再赘述。本节重点讲述一下其他 4 个子元素，即：约束子元素 Constraints、谓词集子元素 SetPredicate、序列子元素 Sequence 和序列规则子元素 SequenceRule。

4.3.2.1 约束子元素 Constraints

约束子元素 Constraints 中的所有属性表示了在模型创建时期关于项和项集的全局约束信息。如果此子元素不存在，则说明在模型创建期间对项和项集没有任何约束。

在 PMML 规范中，元素 Constraints 的定义如下：

```
1. <xs:element name="Constraints">
2.   <xs:complexType>
3.     <xs:sequence>
4.       <xs:element ref="Extension" minOccurs="0" maxOccurs="unbounded"/>
5.     </xs:sequence>
6.     <xs:attribute name="minimumNumberOfItems" type="INT-NUMBER" default="1"/>
7.     <xs:attribute name="maximumNumberOfItems" type="INT-NUMBER"/>
8.     <xs:attribute name="minimumNumberOfAntecedentItems" type="INT-NUMBER" default="1"/>
9.     <xs:attribute name="maximumNumberOfAntecedentItems" type="INT-NUMBER"/>
```

```
10.     <xs:attribute name="minimumNumberOfConsequentItems" type="INT-NUM-
BER" default="1"/>
11.     <xs:attribute name="maximumNumberOfConsequentItems" type="INT-NUM-
BER"/>
12.     <xs:attribute name="minimumSupport" type="REAL-NUMBER" default="0"/>
13.     <xs:attribute name="minimumConfidence" type="REAL-NUMBER" de-
fault="0"/>
14.     <xs:attribute name="minimumLift" type="REAL-NUMBER" default="0"/>
15.     <xs:attribute name="minimumTotalSequenceTime" type="REAL-NUMBER" de-
fault="0"/>
16.     <xs:attribute name="maximumTotalSequenceTime" type="REAL-NUMBER"/>
17.     <xs:attribute name="minimumItemsetSeparationTime" type="REAL-NUM-
BER" default="0"/>
18.     <xs:attribute name="maximumItemsetSeparationTime" type="REAL-NUM-
BER"/>
19.     <xs:attribute name="minimumAntConsSeparationTime" type="REAL-NUM-
BER" default="0"/>
20.     <xs:attribute name="maximumAntConsSeparationTime" type="REAL-NUM-
BER"/>
21.   </xs:complexType>
22. </xs:element>
```

这个子元素基本上是由15个属性组成的，包含了minimumNumberOfItems、maximumNumberOfItems、minimumNumberOfAntecedentItems等15个全局性属性。下面我们一一描述。

● 单个序列中最小项数属性minimumNumberOfItems：可选属性。表示在一个序列中包含的最小项数，默认值为1。

● 单个序列中最大项数属性maximumNumberOfItems：可选属性。表示在一个序列中包含的最大项数。

● 单个序列中序列前项包含的最小项数属性minimumNumberOfAntecedentItems：可选属性。表示在一个序列规则中，序列规则前项所包含的最小项数。在创建模型过程中，使用这个属性值来过滤规则。默认值为1。

● 单个序列中序列前项包含的最大项数属性maximumNumberOfAntecedentItems：可选属性。表示在一个序列规则中，序列规则前项所包含的最大项数。在创建模型过程中，使用这个属性值来过滤规则。

● 单个序列中序列后项包含的最小项数属性minimumNumberOfConsequentItems：可选属性。表示在一个序列规则中，序列规则后项所包含的最小项数。在创建模型过程中，使用这个属性值来过滤规则。默认值为1。

- 单个序列中序列后项包含的最大项数属性 maximumNumberOfConsequentItems：可选属性。表示在一个序列规则中，序列规则后项所包含的最大项数。在创建模型过程中，使用这个属性值来过滤规则。
- 最小支持度属性 minimumSupport：可选属性。指定了在模型构建过程中，用来过滤规则的最小支持度。默认值为 0。
- 最小置信度属性 minimumConfidence：可选属性。指定了在模型构建过程中，用来过滤规则的最小置信度。默认值为 0。
- 最小提升度属性 minimumLift：可选属性。指定了在模型构建过程中，用来过滤规则的最小提升度。默认值为 0。
- minimumTotalSequenceTime：可选属性。指定一个序列规则从开始到结束所经过的最小时间单位值，用于模型构建过程中的规则过滤。默认值为 0。
- maximumTotalSequenceTime：可选属性。指定一个序列规则从开始到结束所经过的最大时间单位值，用于模型构建过程中的规则过滤。如果没有设置此属性，表示没有时间限制。
- minimumItemsetSeparationTime：可选属性。指定在一个序列规则的前项中，相邻两个项集之间的最小时间跨度，用于模型构建过程中的规则过滤。默认值为 0。
- maximumItemsetSeparationTime：可选属性。指定在一个序列规则的前项中，相邻两个项集之间的最大时间跨度，用于模型构建过程中的规则过滤。
- minimumAntConsSeparationTime：可选属性。指定一个序列规则中前项序列和后项序列之间的最小时间跨度，用于模型构建过程中的规则过滤。默认值为 0。
- maximumAntConsSeparationTime：可选属性。指定一个序列规则中前项序列和后项序列之间的最大时间跨度，用于模型构建过程中的规则过滤。如果没有设置此属性，则说明没有时间限制。

4.3.2.2　谓词集子元素 SetPredicate

谓词集元素 SetPredicate 是一个由谓词组成的集合，用于表示一个简单的布尔逻辑表达式。它由一个字段变量、一个比较操作符和一个值数组组成。

在 PMML 规范中，谓词集元素 SetPredicate 定义如下：

```
1. <xs:element name="SetPredicate">
2.   <xs:complexType>
3.     <xs:sequence>
4.       <xs:element ref="Extension" minOccurs="0" maxOccurs="unbounded"/>
5.       <xs:group ref="STRING-ARRAY"/>
6.     </xs:sequence>
7.     <xs:attribute name="id" type="ELEMENT-ID" use="required"/>
8.     <xs:attribute name="field" type="FIELD-NAME" use="required"/>
9.     <xs:attribute name="operator" type="xs:string" fixed="supersetOf"/>
```

```
10.    </xs:complexType>
11.</xs:element>
12.
13.<xs:simpleType name="ELEMENT-ID">
14.    <xs:restriction base="xs:string">
15.    </xs:restriction>
16.</xs:simpleType>
```

在这个定义中，谓词集元素SetPredicate由一个数组元素（类型为字符串）和3个属性组成。其中数组元素包含了一个字符串数组值，用来通过属性field指定的变量值进行比较。3个属性的具体含义如下：

● 谓词集标识属性id：必选属性。一个类型为ELEMENT-ID（实际上是一个字符串类型）的唯一值，用来指定一个谓词集。

● 谓词主语属性field：必选属性。指定谓词表达式的主语，通常此属性引用转换字典元素TransformationDictionary中的一个派生字段DerivedField。

● 谓词操作符属性operator：可选属性。指定谓词主语属性field欲与谓词集包含的数组值进行判断的操作符。无论本属性出现与否，其值为固定值supersetOf。

注意：自PMML规范Ver3.1版本之后，谓词集元素SetPredicate已经过时，建议不要再使用。

4.3.2.3　序列子元素Sequence

序列元素Sequence是一个有序项集的集合，一个模型中至少有一个序列元素Sequence。在PMML规范中，其定义如下：

```
1.<xs:element name="Sequence">
2.    <xs:complexType>
3.        <xs:sequence>
4.            <xs:element ref="Extension" minOccurs="0" maxOccurs="unbounded"/>
5.            <xs:element ref="SetReference"/>
6.            <xs:sequence minOccurs="0" maxOccurs="unbounded">
7.                <xs:group ref="FOLLOW-SET"/>
8.            </xs:sequence>
9.            <xs:element ref="Time" minOccurs="0"/>
10.        </xs:sequence>
11.        <xs:attribute name="id" type="ELEMENT-ID" use="required"/>
12.        <xs:attribute name="numberOfSets" type="INT-NUMBER"/>
13.        <xs:attribute name="occurrence" type="INT-NUMBER"/>
14.        <xs:attribute name="support" type="REAL-NUMBER"/>
```

```xml
15.    </xs:complexType>
16. </xs:element>
17.
18. <xs:element name="SetReference">
19.    <xs:complexType>
20.      <xs:sequence>
21.        <xs:element ref="Extension" minOccurs="0" maxOccurs="unbounded"/>
22.      </xs:sequence>
23.      <xs:attribute name="setId" type="ELEMENT-ID" use="required"/>
24.    </xs:complexType>
25. </xs:element>
26.
27. <xs:group name="FOLLOW-SET">
28.    <xs:sequence>
29.      <xs:element ref="Extension" minOccurs="0" maxOccurs="unbounded"/>
30.      <xs:element ref="Delimiter"/>
31.      <xs:element ref="Time" minOccurs="0"/>
32.      <xs:element ref="SetReference"/>
33.    </xs:sequence>
34. </xs:group>
35.
36. <xs:element name="Time">
37.    <xs:complexType>
38.      <xs:sequence>
39.        <xs:element ref="Extension" minOccurs="0" maxOccurs="unbounded"/>
40.      </xs:sequence>
41.      <xs:attribute name="min" type="NUMBER"/>
42.      <xs:attribute name="max" type="NUMBER"/>
43.      <xs:attribute name="mean" type="NUMBER"/>
44.      <xs:attribute name="standardDeviation" type="NUMBER"/>
45.    </xs:complexType>
46. </xs:element>
47.
48. <xs:element name="Delimiter">
49.    <xs:complexType>
50.      <xs:sequence>
51.        <xs:element ref="Extension" minOccurs="0" maxOccurs="unbounded"/>
52.      </xs:sequence>
```

```
53.    <xs:attribute name="delimiter" type="DELIMITER" use="required"/>
54.    <xs:attribute name="gap" type="GAP" use="required"/>
55.  </xs:complexType>
56.</xs:element>
57.
58.<xs:simpleType name="DELIMITER">
59.  <xs:restriction base="xs:string">
60.    <xs:enumeration value="sameTimeWindow"/>
61.    <xs:enumeration value="acrossTimeWindows"/>
62.  </xs:restriction>
63.</xs:simpleType>
64.
65.<xs:simpleType name="GAP">
66.  <xs:restriction base="xs:string">
67.    <xs:enumeration value="true"/>
68.    <xs:enumeration value="false"/>
69.    <xs:enumeration value="unknown"/>
70.  </xs:restriction>
71.</xs:simpleType>
```

序列元素Sequence由项集引用子元素SetReference、FOLLOW-SET类型引用和时间子元素Time组成的序列构成。在一个序列元素Sequence中，至少有一个子元素SetReference，其他两个可以省略。另外，它还有四个属性组成，这四个属性为：

● 序列唯一标识属性id：必选属性。序列的唯一标识，它是一个类型为ELEMENT-ID类型（实际上就是字符串）的元素，这个id属性将被元素SequenceRules引用（通过属性seqId）。

● 项集数量属性numberOfSets：可选属性。序列中所包含的项集数目。

● 出现次数occurrence：可选属性。训练数据集中此序列出现的次数。

● 支持度support：可选属性。训练数据集中此序列的支持度。

（1）项集引用集合子元素SetReference

子元素SetReference表示对一个已经定义过的项集的引用。此元素只有一个属性setId，这个属性指向一个项集元素（Itemset）的属性id值。

（2）FOLLOW-SET

类型FOLLOW-SET是一个组元素，它是由分界符子元素Delimiter、时间信息子元素Time和项集引用集合子元素SetReference组成的。元素SetReference上面已经讲过，这里我们主要讲述一下其他两个子元素。

分界符元素 Delimiter 表示一个序列中两个项集之间，或者一个序列规则中两个序列之间的区隔。它主要包括两个属性：一个类型为 DELIMITER 的 delimiter 和一个类型为 GAP 的 gap。

① 是否分界属性 delimiter：必选属性。指定由序列元素 Sequence 的子元素 SetReference 指定的项集与本组元素的子元素 SetReference 指定的项集是否在一个事件或一个时间段内。例如，如果它们的项是在一个事务中购买的，则此属性应设置为 sameTimeWindow；反之，则应设置为 acrossTimeWindow。

② 开闭属性 gap：必选属性。指定一个序列中的两个项集之间是否需要存在其他项集。对于一个开序列，即需要额外的项集出现，此时此属性设置为 true；否则此属性设置为 false。例如，一个序列 $A \rightarrow B \rightarrow C \rightarrow D \rightarrow E$，对于 $B \rightarrow D$ 来说，只有属性 gap 设置为 true 时，才能配对为一个序列。注意：值 unknown 与 true 的作用相同。

时间信息子元素 Time 仅仅提供统计信息，并没有任何约束的作用。它主要由下面 4 个属性组成，它们分别是：

① 最小时间属性 min：可选属性。项集之间的最小时间。
② 最大时间属性 max：可选属性。项集之间的最大时间。
③ 平均时间属性 mean：可选属性。项集之间的平均时间。
④ 时间标准差属性 standardDeviation：可选属性。项集之间时间的标准差。

时间信息子元素 Time 可以应用在序列元素 Sequence、前项序列 AntecedentSequence 或者后项序列 ConsequentSequence 中的项集之间。

注意：在子元素 Delimiter 和 SetReference 之间的时间信息子元素 Time 给出的是两个项集之间经过的时间统计信息；在最后一个子元素 SetReference 之后的时间信息子元素 Time 给出的是第一个和最后一个项集之间经过的时间统计信息。

4.3.2.4 序列规则子元素 SequenceRule

序列规则子元素 SequenceRule 描述了两个序列之间的关系，这是序列模型中最重要的部分。在 PMML 规范中，其定义如下：

```
1.<xs:element name="SequenceRule">
2.  <xs:complexType>
3.    <xs:sequence>
4.      <xs:element ref="Extension" minOccurs="0" maxOccurs="unbounded"/>
5.      <xs:element ref="AntecedentSequence"/>
6.      <xs:element ref="Delimiter"/>
7.      <xs:element ref="Time" minOccurs="0"/>
8.      <xs:element ref="ConsequentSequence"/>
9.      <xs:element ref="Time" minOccurs="0"/>
10.   </xs:sequence>
11.   <xs:attribute name="id" type="ELEMENT-ID" use="required"/>
```

```
12.    <xs:attribute name="numberOfSets" type="INT-NUMBER" use="required"/>
13.    <xs:attribute name="occurrence" type="INT-NUMBER" use="required"/>
14.    <xs:attribute name="support" type="REAL-NUMBER" use="required"/>
15.    <xs:attribute name="confidence" type="REAL-NUMBER" use="required"/>
16.    <xs:attribute name="lift" type="REAL-NUMBER"/>
17.   </xs:complexType>
18. </xs:element>
```

从上面的定义可以看出，一个序列规则元素SequenceRule主要由一个前项序列子元素AntecedentSequence和后项序列子元素ConsequentSequence组成，两者之间通过分界符子元素Delimiter分开。另外，在前项序列子元素AntecedentSequence和后项序列子元素ConsequentSequence之间还可以有一个时间信息子元素Time，用以表示两者之间经过的时间信息；在后项序列子元素ConsequentSequence之后也可以存在一个时间信息子元素Time，用以表示序列规则中第一个项集和最后一个项集之间经过的时间统计信息。

除此之外，序列规则元素SequenceRule还有6个属性，它们分别是：

- 序列规则标识属性Id：必选属性。标识序列规则的唯一标识符。
- 项集数目属性numberOfSets：必选属性。包含在前项序列和后项序列中的项集总数。
- 序列规则出现次数属性occurrence：必选属性。此序列规则在数据集中出现的次数。
- 支持度support：必选属性。序列规则的支持度。
- 置信度confidence：必选属性。序列规则的置信度。
- 提升度lift：可选属性。序列规则的提升度。

在组成序列规则元素SequenceRule的所有子元素中，除了前项序列子元素AntecedentSequence和后项序列子元素ConsequentSequence外，其他子元素已经在本节的前面描述过了。这里我们讲述一下这两个子元素，在PMML规范中，它们的定义如下：

```
1. <xs:group name="SEQUENCE">
2.   <xs:sequence>
3.     <xs:sequence>
4.       <xs:element ref="Extension" minOccurs="0" maxOccurs="unbounded"/>
5.     </xs:sequence>
6.     <xs:element ref="SequenceReference"/>
7.     <xs:element ref="Time" minOccurs="0"/>
8.   </xs:sequence>
9. </xs:group>
10.
11. <xs:element name="SequenceReference">
12.   <xs:complexType>
13.     <xs:sequence>
```

```
14.        <xs:element ref="Extension" minOccurs="0" maxOccurs="unbounded"/>
15.      </xs:sequence>
16.      <xs:attribute name="seqId" type="ELEMENT-ID" use="required"/>
17.    </xs:complexType>
18.</xs:element>
19.
20.<xs:element name="AntecedentSequence">
21.    <xs:complexType>
22.      <xs:sequence>
23.        <xs:group ref="SEQUENCE"/>
24.      </xs:sequence>
25.    </xs:complexType>
26.</xs:element>
27.
28.<xs:element name="ConsequentSequence">
29.    <xs:complexType>
30.      <xs:sequence>
31.        <xs:group ref="SEQUENCE"/>
32.      </xs:sequence>
33.    </xs:complexType>
34.</xs:element>
```

从上面的定义中可以看出，前项序列子元素AntecedentSequence和后项序列子元素ConsequentSequence都是一种序列类型SEQUENCE，而这种类型是由序列引用SequenceReference子元素和时间信息子元素Time组成，其中子元素Time可以不出现。序列引用SequenceReference也非常简单，它具有一个属性序列标识符属性seqId，它指向一个序列Sequence的序列唯一标识属性id值。

至此，我们已经对序列模型SequenceModel的组成部分讲解完毕。为了对它有一个整体的了解，下面我们举一个比较完整的序列规则的例子。请读者仔细阅读下面的代码。

```
1.<PMML xmlns="http://www.dmg.org/PMML-4_3" version="4.3">
2.   <Header copyright="DMG.org"/>
3.   <DataDictionary numberOfFields="5">
4.     <DataField name="CUSTOMER_ID" displayName="CUSTOMER_ID" optype="categorical" dataType="integer"/>
5.     <DataField name="TRANSDATE" displayName="TRANSDATE" optype="continuous" dataType="dateDaysSince[0]"/>
6.     <DataField name="ITEMID" displayName="ITEMID" optype="categorical" dataType="string"/>
```

```xml
7.      <DataField name="STOREID" displayName="STOREID" optype="categorical" dataType="string"/>
8.      <DataField name="TRANSID" displayName="TRANSID" optype="categorical" dataType="string"/>
9.    </DataDictionary>
10.   <SequenceModel functionName="sequences" numberOfTransactions="175">
11.     <MiningSchema>
12.       <MiningField name="CUSTOMER_ID" usageType="group"/>
13.       <MiningField name="TRANSDATE" usageType="order"/>
14.       <MiningField name="ITEMID"/>
15.       <MiningField name="STOREID"/>
16.       <MiningField name="TRANSID"/>
17.     </MiningSchema>
18.
19.     <Constraints minimumSupport="0.2" minimumConfidence="0.5"/>
20.
21.     <Item id="0" value="177" mappedValue="Cognac"/>
22.     <Item id="1" value="129" mappedValue="Cream"/>
23.     <Item id="2" value="144" mappedValue="Tonic water"/>
24.     <Item id="3" value="174" mappedValue="Vodka"/>
25.     <Item id="4" value="108" mappedValue="Cider"/>
26.     <Item id="5" value="172" mappedValue="Scotch Whisky"/>
27.     <Item id="6" value="130" mappedValue="Root Beer"/>
28.
29.     <Itemset id="0" support="0.0628571428571429" numberOfItems="1">
30.       <ItemRef itemRef="0"/>
31.     </Itemset>
32.     <Itemset id="1" support="0.24" numberOfItems="2">
33.       <ItemRef itemRef="1"/>
34.       <ItemRef itemRef="2"/>
35.     </Itemset>
36.     <Itemset id="2" support="0.0628571428571429" numberOfItems="3">
37.       <ItemRef itemRef="3"/>
38.       <ItemRef itemRef="4"/>
39.       <ItemRef itemRef="5"/>
40.     </Itemset>
41.     <Itemset id="3" support="0.0628571428571429" numberOfItems="1">
42.       <ItemRef itemRef="6"/>
```

```
43.    </Itemset>
44.
45.    <Sequence id="0" numberOfSets="1" occurrence="5" support="0.02">
46.      <SetReference setId="0"/>
47.    </Sequence>
48.    <Sequence id="1" numberOfSets="2" occurrence="6" support="0.25">
49.      <SetReference setId="0"/>
50.      <Delimiter delimiter="acrossTimeWindows" gap="unknown"/>
51.      <SetReference setId="2"/>
52.    </Sequence>
53.    <Sequence id="2" numberOfSets="1" occurrence="5" support="0.45">
54.      <SetReference setId="1"/>
55.    </Sequence>
56.    <Sequence id="3" numberOfSets="1" occurrence="15" support="0.2">
57.      <SetReference setId="3"/>
58.    </Sequence>
59.
60.    <SequenceRule id="0" numberOfSets="2" occurrence="5" support="0.20833" confidence="0.55556">
61.      <AntecedentSequence>
62.        <SequenceReference seqId="0"/>
63.      </AntecedentSequence>
64.      <Delimiter delimiter="acrossTimeWindows" gap="unknown"/>
65.      <Time min="5" max="8" mean="6.8"/>
66.      <ConsequentSequence>
67.        <SequenceReference seqId="2"/>
68.      </ConsequentSequence>
69.    </SequenceRule>
70.    <SequenceRule id="1" numberOfSets="2" occurrence="6" support="0.25" confidence="0.66667">
71.      <AntecedentSequence>
72.        <SequenceReference seqId="1"/>
73.      </AntecedentSequence>
74.      <Delimiter delimiter="acrossTimeWindows" gap="unknown"/>
75.      <Time min="2" max="8" mean="6.16667"/>
76.      <ConsequentSequence>
77.        <SequenceReference seqId="3"/>
78.      </ConsequentSequence>
```

```xml
79.        </SequenceRule>
80.        <SequenceRule id="2" numberOfSets="2" occurrence="5" support="0.20833" confidence="0.55556">
81.            <AntecedentSequence>
82.                <SequenceReference seqId="2"/>
83.            </AntecedentSequence>
84.            <Delimiter delimiter="acrossTimeWindows" gap="unknown"/>
85.            <Time min="2" max="8" mean="6.6"/>
86.            <ConsequentSequence>
87.                <SequenceReference seqId="3"/>
88.            </ConsequentSequence>
89.        </SequenceRule>
90.        <SequenceRule id="3" numberOfSets="2" occurrence="14" support="0.58333" confidence="0.73684">
91.            <AntecedentSequence>
92.                <SequenceReference seqId="3"/>
93.            </AntecedentSequence>
94.            <Delimiter delimiter="acrossTimeWindows" gap="unknown"/>
95.            <Time min="1" max="10" mean="6.14286"/>
96.            <ConsequentSequence>
97.                <SequenceReference seqId="0"/>
98.            </ConsequentSequence>
99.        </SequenceRule>
100.    </SequenceModel>
101.</PMML>
```

4.3.3 评分应用过程

在所有的序列规则生成之后，我们就可以使用它们来对新的数据进行评分，也就是把挖掘后的规则应用于新的数据。由于序列规则模型与关联规则模型类似，这里不再赘述。关于关联规则模型的内容，请读者参见本书的上集《数据挖掘与机器学习：PMML建模（上）》。

5 评分卡模型（Scorecard）

5.1 评分卡模型基础知识

评分卡模型是一种成熟有效的预测方法，作为一种使用预测变量的分箱形式（离散化）的广义加法模型，其精髓在于将预测变量对目标变量的影响以符合业务标准的分数加以表示，从而以量化的形式来衡量某种事件发生概率，通常用于二分类问题的预测。例如：在银行对信用卡申请人的审查过程中，构建了一个信用评级的评分卡模型，对于"审查是否通过"这一事件来说，如果一个申请人的得分数越高，其通过审查的可能性就越大。

从业务分析人员的角度看，评分卡模型是一种"白盒"模型，模型透明，使用简单，每个特征变量对最终的得分影响清晰明了，容易理解，所以可解释性非常强。这使得用户能够理解最终得分背后的原因（哪些变量起主要作用），进而能够制定提高得分的措施。

另外，评分卡模型通常配备一个原因代码(reason code)列表，这些原因代码提供了解释计算得分的明确方法，代表了预测变量对预测结果的影响解释。这与访问Web服务器时返回的错误代码类似，如404表示访问的网页资源不存在。原因代码既可以由纯数字组成，也可以由纯字符组成，或者由字符和数字共同组成。

在评分卡模型中，预测变量通常称为特征，或特征变量，并且它们总是以分类型变量的形式出现。一个特征变量的不同类别取值称为属性，或属性值。例如，对于"Age（年龄）"这个特征变量，通常划分为不同的年龄段，如"0-30"、"30-40"等等，它们都是属性（值）。每一个属性值对应着一个分数，这些分数表示属性值对目标变量的影响。在模型实际应用时，一条新数据的最终评分就是所有特征变量的特定属性值对应的评分数（即属性分数，也称为分箱分数、局部分数）之和，再加上初始评分值。通常来说，总评分数越低，触发不良决策的概率就越大，例如信用卡申请被拒绝、本次考试没有通过等等。表5-1是一个评分卡模型的示例，清楚地显示了每个特征变量（如Age、MonthlyIncome等）在不同区间取值（属性值）时的得分数及其对应的原因代码。注意：原因代码既可以应用在特征变量这一级别，也可以应用在特征变量的属性级别，并且原因代码是有次序的。在后面我们还会做进一步的解释。

表5-1 评分卡模型示例

特征 (Characteristic)	属性 (Attribute)	评分卡得分数 (Scorecard Point)	原因代码 (reason code)
初始评分值(initialScore)		350	
Age	缺失（未知）	45	A0
Age	0-30	45	A1
Age	30-40	49	A2
Age	40-50	55	A3

续表

特征 (Characteristic)	属性 (Attribute)	评分卡得分数 (Scorecard Point)	原因代码 (reason code)
Age	50-65	60	A4
Age	65-80	57	A5
Age	80+	52	A6
MonthlyIncome	0-3000	62	MI1
MonthlyIncome	3000-7000	66	MI2
MonthlyIncome	7000-15000	71	MI3
MonthlyIncome	15000-25000	77	MI4
MonthlyIncome	25000+	80	MI5
...	...	...	...

评分卡模型在很多领域，例如信用风险评估、金融风险控制领域以及市场营销（精准营销、客户流失预测、欺诈检测、收入潜力预测）等，得到了广泛的使用。例如，在银行信贷业务中，常见的所谓A卡、B卡和C卡，即申请评分卡（A卡，Application scorecard）、行为评分卡（B卡，Behavior scorecard）和催收评分卡（C卡，Collection scorecard），分别用于贷前评审、贷后管理及催收管理，都是比较典型的应用场景。

从表5-1可以看出，评分卡模型形式上是一个分数列表，但是实质上是一个模型，不过它并不是简单地对应于某一种机器学习算法，而是一种通用的建模框架，是将原始数据通过离散化方式进行特征工程变换，继而应用于线性模型进行评分应用的一种方法。目前在构建评分卡模型的过程中，常用的算法是二项逻辑线性回归，这是我们下一章节中的主要内容。

5.2 评分卡模型算法简介

评分卡模型具有使用简单、高效稳定的特点，在构建评分开模型的过程中，对于进入模型的特征变量有一整套严格的筛选和转换流程。

作为一种数据挖掘的模型，评分卡模型的构建同样遵循数据挖掘的方法论，体现了数据挖掘流程的各个环节。我们知道，目前最为流行的数据挖掘方法论是跨行业数据挖掘标准流程CRISP-DM（CRoss Industry Standard Process for Data Mining），包括IBM、Teradata、Daimler AG等世界顶级公司都在遵循使用。CRISP-DM标准流程包括业务问题理解、数据探索评估、业务数据准备、模型建立、模型验证评估以及模型部署应用6个环节。关于CRISP-DM的知识，可以参考笔者的另一本书《PMML建模标准语言基础》，或者参考相关资料，这里不再赘述。

基于CRISP-DM挖掘方法论，结合评分卡模型构建过程中的特点，具体的评分卡模型构建过程如图5-1所示。

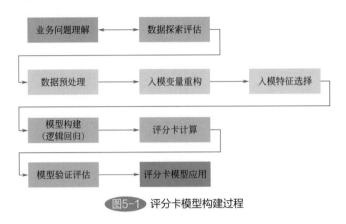

图5-1 评分卡模型构建过程

图5-1是一个一般流程，在具体实现过程中，会根据每个环节的准备或处理结果，环节之间有可能需要反复交互。下面我们对每个环节做较为详细的描述。

（1）业务问题理解

实际上，这是任何一个数据挖掘项目的第一步。在这一步要明确业务目标，专注于从业务的角度理解项评分卡项目的需求，并将这种需求理解转换成一种数据挖掘的问题定义。例如，在银行个人信用贷款业务中的贷款申请评分卡，其目的是把风险控制在贷前的状态，减少申请者将来不能履行约定契约中的义务而造成经济损失的风险。

（2）数据探索评估

根据第一步对业务问题的理解和要达到的目标，找出影响挖掘目标的各种因素（特征变量），确定这些影响因素的数据来源、表现形式以及存储位置；其次探测数据，理解和描述数据，并分析数据质量。例如，在构建贷前申请评分卡（A卡）模型中，首先要明确"违约"的定义，其次找出需要的数据，包括个人基本信息（学历、性别、收入等）、目前财务状况（财产情况、房贷信息等等）、历史信用记录等各种数据。在这些数据中，一定要包括目标变量（如是申请是否通过，债务是否违约等）。

这一步可能与第一步往复多次，随着对数据探索的深入，可能会对原来的业务目标有所修正，然后再次深入探索数据，直至确定可能影响目标变量的各种因素（特征变量）。

（3）数据预处理

在确定影响目标变量的各个特征变量之后，需要制定数据质量标准和各种派生规则，对原始数据进行清洗处理、派生处理，按照数据挖掘模型所需的数据格式准备训练数据，为模型的创建准备好高质量数据，所谓"Garbage in，Garbage out"，所以一定要保证训练数据的质量。

在这个步骤中，包括数据清洗，以及对缺失值（Missing Value）、异常值（Outlier）进行处理。其中，数据清洗的主要工作是对数据进行重新审核和校验，删除重复信息、修正存在的错误，保证数据的一致性。数据预处理不是本章的重点，这里不再赘述。感兴趣的读者可以参考相关资料。

（4）入模变量重构

从表5-1中可以看出，在评分卡模型中只针对分类型变量（特征），这就需要我们对前面步骤中整理的原始数据变量进行转换，对连续型变量进行离散化，转化为分类型变量；对分类型变量也有可能需要重组合并，转换为新的分类型变量。无论哪种情况，这些新的分类型变量一般称为特征，或特征变量。

对入模变量离散化，转换为特征变量的目的有以下几个：

◇ 满足评分卡模型的使用格式要求；

◇ 增加评分卡模型的稳定性。对出现频率很低的入模变量值进行合并，提高模型的健壮性，避免模型受到极端值的影响。

◇ 增加评分卡模型的性能：把对目标变量影响程度（预测能力）相近的变量值进行合并，以大大提高模型的性能。

◇ 处理缺失值，可把所有缺失值作为一个独立的类别处理。

◇ 防止评分卡模型的过拟合趋势。

变量离散化的方法很多，在第二章"决策树模型TreeModel"中，我们已经讲过常用的变量离散化方法，包括无监督的离散化方法（如等宽区间法、等频区间法等）以及有监督的离散化方法（如ChiMerge方法等），并且给出了ChiMerge方法（即卡方分箱法）的具体流程。

这里我们仍然推荐使用ChiMerge方法，这种考虑了目标类别信息的有监督离散化方法既可以对连续型变量进行离散化处理，也可以对分类型（包含定序型）变量进行不同类别取值的合并。例如：对于一个包含了中国34个省、市、自治区的分类变量Province0来说，转换结果可能为包含{北京市，上海市，天津市}、{山西省，河北省，山东省，河南省}等的新的分类变量Province1，即为特征Province1。在最终评分卡模型中称特征的类别取值为属性（attribute），或者属性值。如{北京市，上海市，天津市}就是特征Province1的一个属性。如表5-2所示。

表5-2 分类型变量经过重构后（重新离散化）后的结果

变量序号	变量(variable) Province0	特征(characteristic) Province1	原因代码	特征序号
1	北京市	北京市、上海市、天津市	Prvnc1	1
2	上海市			
3	天津市			

续表

变量序号	变量(variable) Province0	特征(characteristic) Province1	原因代码	特征序号
4	山西省	山西省、河北省、山东省、河南省	Prvnc2	2
5	河北省			
6	山东省			
7	河南省			
8	黑龙江省	黑龙江省、吉林省、辽宁省、内蒙古自治区	Prvnc3	3
9	吉林省			
10	辽宁省			
11	内蒙古自治区			
12	甘肃省	甘肃省、宁夏回族自治区、青海省	Prvnc4	4
13	宁夏回族自治区			
14	青海省			
15	西藏自治区	西藏自治区	Prvnc5	5
16	新疆维吾尔自治区	新疆维吾尔自治区	Prvnc6	6
17	四川省	四川省、陕西省、重庆市	Prvnc7	7
18	重庆市			
19	陕西省			
20	江西省	江西省、江苏省、湖南省、湖北省、安徽省	Prvnc8	8
21	江苏省			
22	湖南省			
23	湖北省			
24	安徽省			
25	浙江省	浙江省、福建省、广东省	Prvnc9	9
26	福建省			
27	广东省			
28	云南省	云南省、贵州省、广西壮族自治区	Prvnc10	10
29	贵州省			
30	广西壮族自治区			
31	海南省	海南省	Prvnc11	11
32	香港特别行政区	香港特别行政区	Prvnc12	12
33	澳门特别行政区	澳门特别行政区	Prvnc13	13
34	台湾省	台湾省	Prvnc14	14

注意：特征变量一般与原始数据的变量名称不再相同。如表5-2中，原始数据变量名称为Province0，而新的特征变量名称为Province1，或者其他名称。

对连续型变量使用ChiMerge方法进行离散化的处理，这里不再赘述，请读者参考第二章"决策树模型TreeModel"中的相关内容。

（5）入模特征选择

在评分卡模型的构建过程中，为了最终获得如表5-1所示的评分卡，最重要的工作就是利用某种预测模型确定哪些特征会最终出现在模型中，以及它们对目标变量的影响程度（权重）。

经过上一步骤的特征构建之后，所有的入模变量都转换为特征（即新的分类型变量）了。而本步骤的工作就是根据合适的指标，选择合适的入模特征，进入下一步的模型创建工作。所以，这一步骤具有承上启下的作用。

在评分卡模型构建过程中，一般采用逻辑线性回归作为预测模型。由于对原始数据变量重构（分箱）后，所有的变量都变成了分类型变量（特征变量），所以需要对它们进行一次"编码"才能进入下一步的预测模型。这里"编码"实际上就是对特征进行量化的过程（转换为连续型变量），而"编码值"也是选择入模特征的主要判据。

这里涉及证据权重 *WoE*（Weight of Evidence）和信息价值 *IV*（Information Value）两个指标，它们是一组评估特征变量的对目标变量的预测能力的指标。例如，当需要拿出证据证明"Age"这个特征变量对于"违约"有多大影响的时候，可以使用这些指标进行评估。

证据权重 *WoE* 是一种用数量值代替类别取值的、有监督的编码方式，是衡量一个分箱（分组）区分二分类目标变量不同取值的强度指标；而特征变量的信息价值是其每个类别取值下的 *WoE* 的加权之和，它表示一个特征变量是否对预测目标变量有显著意义。

在 *WoE* 的计算中，使用到了优势比（oddsratios）的指标，以 *odds* 表示。优势比 *odds* 是指目标变量 *Y* 取值为1的概率与取值为0的概率之比，也就是表示两者之间的差异。注意：这里目标变量 *Y* = 1只是一个统称，"1"可以代表"邮件为正常邮件"、"申请通过"、"某种疾病发作"、"信用良好"等事件；对应的"0"则代表与"1"相对的事件，如"邮件为垃圾邮件"、"申请不通过"、"某种疾病没有发作"、"信用差"等等。在实际操作中，可按照具体业务需求确定。

优势比 *odds* 的计算公式如下：

$$odds = \frac{P(Y=1|X)}{P(Y=0|X)}$$

式中，*X* 为某一个特征变量。优势比表达了目标变量 *Y* 取值为1相对于取值为0的可能性的大小，表示特征变量 *X* 对目标变量 *Y* 取值为1的持续性影响。

为了计算方便，对优势比 *odds* 公式两边取自然对数，就得到了 *WoE* 指标的计算公式，即：

$$WoE = \ln(odds) = \ln\left(\frac{P(Y=1|X)}{P(Y=0|X)}\right)$$

根据上面的公式可以看出，WoE 考虑了一个特征变量的三个方面：响应率、不响应率和训练样本量。在评分卡模型的开发过程中，对每一个特征变量的每一个类别取值，都可以有一个 WoE 的计算结果。此时，计算公式为：

$$WoE_{\text{attribute}}=\ln(odds_{\text{attribute}})=\ln\left(\frac{P(Y=1|X_{\text{attribute}})}{P(Y=0|X_{\text{attribute}})}\right)$$

其中

$$odds_{\text{attribute}}=\frac{N_{Y=1, X_{\text{attribute}}}}{N_{Y=1, X}}\bigg/\frac{N_{Y=0, X_{\text{attribute}}}}{N_{Y=0, X}}$$

相应的，特征变量的每个类别取值对应的信息价值 IV 计算公式如下：

$$IV_{\text{attribute}}=(P(Y=1|X_{\text{attribute}})-P(Y=0|X_{\text{attribute}}))\times\ln\left(\frac{P(Y=1|X_{\text{attribute}})}{P(Y=0|X_{\text{attribute}})}\right)$$

在表 5-3 中，以特征变量"Age"（年龄）为例，计算了其每个属性（值）下的 WoE 值。例如：对于"A:0-30"这个属性值来说，

$$N_{Y=1, X_{A:0-30}}=63, \quad N_{Y=0, X_{A:0-30}}=42$$
$$N_{Y=1, X}=700, \quad N_{Y=0, X}=300$$

所以，对这个属性值来说，其优势比 odds 计算公式为：

$$odds_{X_{A:0-30}}=\frac{63}{700}\bigg/\frac{42}{300}=0.6429$$

则其 WoE 为：

$$WoE_{X_{A:0-30}}=\ln(odds_{X_{A:0-30}})=\ln(0.6429)=-0.4418$$

相应的 IV 值为：

$$IV_{X_{A:0-30}}=\left(\frac{63}{700}-\frac{42}{300}\right)\times WoE_{X_{A:0-30}}=(-0.05)\times(-0.4418)=0.022$$

其余各个属性（值）的 WoE、IV 计算结果见表 5-3。注意特征变量"Age（年龄）"的信息价值 IV 为 0.089。

表5-3　WoE、IV 计算结果

特征	属性(Attribute)	申请通过(1)	申请未通过(0)	优势比(odds)	证据权重(WoE)	信息价值(IV)
Age	A:0-30	63	42	0.6429	-0.4418	0.022
	A:30-40	82	52	0.6758	-0.3918	0.022
	A:40-50	188	87	0.9261	-0.768	0.002
	A:50-65	90	23	1.6770	0.5170	0.027
	A:65-80	128	46	1.1925	0.1761	0.005
	A:80+	149	50	1.2771	0.2446	0.011
	总计	700	300	2.98		0.089

通过WoE的计算公式可以看出，如果某个属性值的优势比odds等于1，则WoE = 0；如果优势比odds小于1，则WoE小于0；如果优势比odds大于1，则WoE将大于0。

熟悉逻辑线性回归的读者可能已经看出，WoE的计算公式实际上就是二项逻辑回归的连接函数，即logit函数。所以，这种编码技术特别适合评分卡模型中选择的预测模型，即逻辑线性回归模型。在下一个步骤"模型构建"中，我们就是以特征变量的WoE值代替原始特征变量的值进入逻辑回归模型的构建过程中的。需要了解逻辑线性回归模型的读者，请参阅本书的上集《数据挖掘和机器学习：PMML建模（上）》中的第六章"通用回归模型GeneralRegressionModel"中的内容，或者参阅其它相关资料。

由于特征变量的信息价值IV表示一个特征变量是否对预测目标变量有显著意义。所以，我们可以通过信息价值IV的大小来选择入模特征变量。一个特征变量的IV值越大，说明它对目标变量的影响程度越大，当超过我们设置的阈值时，我们就可以保留这个特征变量，把它作为入模的特征变量之一，通常此阈值设置为0.1。表5-4说明了不同IV值对目标变量的影响程度。

表5-4 信息价值IV对目标变量的影响程度

序号	信息价值IV	影响程度描述
1	<0.02	没有影响能力
2	0.02～0.1	影响能力较弱
3	0.1～0.3	影响能力中等
4	0.3～0.5	影响能力较强
5	>0.5	影响能力极强

在评分卡模型的构建过程中，特征变量的重构把所有变量转换成了新的分类变量，进而通过证据权重WoE和信息价值IV的计算，确定了最终的入模特征变量。这两步的流程如图5-2所示。

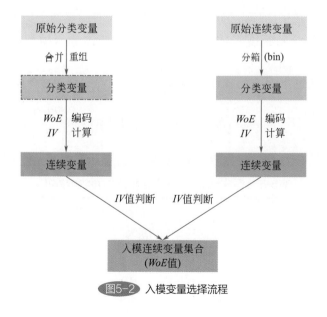

图5-2 入模变量选择流程

（6）模型构建

入模特征选择之后，模型创建过程中的特征工程就完成了。接下来的工作是选择合适的算法（模型），进行评分卡模型的开发，目的是确定每个特征变量的重要性，并量化每个特征变量的属性（值）的评分数。在这个阶段，一般把收集到的数据集合分成训练数据集和测试数据集，训练数据集是用来构建模型的，而测试数据集是用来进行模型验证的。

前面已经讲过，在评分卡模型构建中，一般使用二项逻辑线性回归模型确定每个特征变量的重要性。由于在二项逻辑回归模型中，目标变量的取值只有两个类别值，如0和1、正面和反面、阳性和阴性等等，所以也称为二分类逻辑回归。其模型为如下形式：

$$logit(P(Y=1|X))=\beta_0+\beta_1 x_1+\beta_2 x_2+\cdots+\beta_n x_n$$

式中，模型参数β_0、β_1、$\beta_2 \cdots \beta_n$为回归系数，代表了一个特征变量的重要程度，其中β_0为回归常数，也称为截距。注意：回归模型建立后，很有可能会剔除掉某些变量，也就是说入模特征变量数目与最终模型确定的数目会不一致。评分卡模型将使用最终模型确定的特征变量集合。

通过构建二项逻辑回归模型，就可以确定模型参数，即特征变量对目标变量的影响程度。

关于二项逻辑回归的详细内容，请参阅本书的上集《数据挖掘和机器学习：PMML建模（上）》中的第六章"通用回归模型GeneralRegressionModel"中的内容，书中有详细的描述，这里不再赘述。

在模型构建阶段，有可能会发现一些潜在的数据问题，此时就需要返回到数据准备阶段，完善和更新入模数据。然后重新进行上述步骤的迭代。

（7）评分卡计算

本步骤的任务是基于二项逻辑线性回归模型中的回归系数，以及最后回归模型使用的特征变量，计算每个特征变量的每个属性（值）在评分卡模型中的得分（即属性分数），这样就得到了最终的评分卡模型。

属性分数可以通过下面的公式计算得到：

$$Score_{attribute}=\left(\beta_i \times WoE_{attribute}+\frac{\beta_0}{n}\right) \times Factor+\frac{Offset}{n}$$

可以看出，属性分数是与证据权重WoE成正比的。公式各参数说明见表5-5。

表5-5　评分卡模型中属性分数公式中的参数说明

公式参数	参数说明
β_i	逻辑回归模型中第i个特征变量的回归系数
β_0	逻辑回归模型的回归常数（截距）
$WoE_{attribute}$	特征变量的属性值对应的证据权重值WoE

续表

公式参数	参数说明
n	逻辑回归模型中特征变量的数量，也就是评分卡模型的特征变量数量
$Factor$	比例因子，也称为缩放系数
$Offset$	偏移量

经过前几个步骤的工作，上面的公式中的前四个参数（β_i、β_0、$WoE_{attribute}$ 和 n）已经是已知的了，本步骤的主要工作就是如何计算比例因子 $Factor$ 和偏移量 $Offset$ 这两个转换参数。

由于这两个转换参数难以直接确定，在实际建模过程中，常常根据经验确定以下三个条件，进而根据上述公式计算这两个参数。这三个条件分别是：

① 设置基础评分值 $Score_{base}$。基础评分值是对所有的特征变量都有效的一个主观经验值，它与基础优势比相对应。

② 设置基础优势比 $odds_{base}$。这个基础优势比是与基础评分值 $Score_{base}$ 相对应的。例如我们设定基础优势比为30:1时，基础评分值为600。前面讲过，优势比 $odds$ 是指目标变量 Y 取值为1的概率与目标变量 Y 取值为0的概率之比。

③ 设置优势比翻倍评分变化值 PDO（Points to Double the Odds）。优势比翻倍评分变化值是指当优势比 $odds$ 翻倍时评分值的变化值。例如：设置 $PDO = 20$，则意味着当优势比 $odds$ 从30:1变为60:1时，评分的变化值是20。

根据上面的三个给定的主观条件，比例因子 $Factor$ 和偏移量 $Offset$ 的计算公式如下：

$$Factor = \frac{PDO}{\ln(2)}$$

$$Offset = Score_{base} - (Factor \times \ln(odds_{base}))$$

例如，设 $odds_{base} = 50:1 = 50$，$Score_{base} = 500$，$PDO = 20$，$Factor$ 和 $Offset$ 分别为：

$$Factor = \frac{20}{\ln(2)} = 28.85$$

$$Offset = 500 - (28.85 \times \ln(50)) = 387.14$$

这样，我们就可以计算任何一个特征变量的任何一个属性（值）对应的评分值了。当所有的属性分数计算完之后，评分卡模型最重要的部分就构建完毕，生成表5-1所示的评分卡表。

根据评分卡计算的最终评分值能够帮助决策人员实现明智的业务判断。然而，在某些应用场景中，决策人员还需要知道评分值高低的原因，或者说，模型应提供对最终评分值的解释。在评分卡模型中，使用原因代码来达到此目的，它反映了特征变量对目标变量预测的内在性质。

这些与得分数相伴的原因代码提供了对特征变量或其属性的得分原因说明，其中原因说明是由模型开发者或业务分析师给予的。在具体不同的业务中，原因代码也可以有与业务相关的名称。例如，在信用贷款业务决策评分卡模型中，原因代码也称为"不利行动原因"，如表5-6所示。

表5-6 原因代码及其描述示例

原因代码(reason code)	代码描述
AS1	只有一个账户有资产
AS2	没有额外的流动资产
AS3	不存在已知的流动资产
DQ1	具有犯罪前科
DQ3	最近具有一个或多个犯罪记录
EX1	信用时间太短
UK1	以前的信用历史未知
UND	未定义(Undefined)

注意：特征变量的属性值与原因代码之间可能是一对一的关系，即每一个属性值可以对应一个唯一的原因代码；也可以是多对一的关系，即如果两个或多个特征变量之间具有强相关关系，模型开发者（也许是业务分析师）可以选择将一个原因代码分配给多个特征变量，或者多个特征的属性值。

（8）模型验证评估

在评分卡模型构建完毕后，需要从业务目标、预测或分类结果角度进行评估，利用测试数据集对模型的有效性和可靠性进行验证。

模型验证评估经常使用混淆矩阵或者ROC曲线和AUC系数指标来进行，关于这些内容，请读者参见笔者的另一本书《PMML建模标准语言基础》中的相关内容，或参考相关资料，这里不再赘述。

在验证业务目标时，如果发现模型的预期不能满足业务需求，则有可能返回到业务问题理解阶段，重新审视对业务的理解，并根据实际情况确定是否重复后续的数据探索、数据准备等环节。

（9）评分卡应用

如果一个评分卡模型通过了验证评估，那么就具备了应用于实际业务中解决问题的条件了。

当对一条新记录进行预测时，这条记录的评分是每个特征取值对应的得分之和。例如，在一个信用卡申请人的申请审查过程中，如果申请人年龄38岁（对应得分53）、负债率0.5（对应得分55）、月收入18000元（对应得分57）。则此申请人的评分为53+55+57 = 165。

在实际使用中，会设置一个评分阈值，当新数据的最终评分值大于这个阈值时，则预测对应的事件将会发生，例如信用卡申请通过等。

在某些场景中，模型使用者也可以通过获取基线评分值，在适当的方向上将属性分数与基线评分值进行比较，并返回一组原因代码。

5.3 评分卡模型元素

在PMML规范中，使用元素Scorecard来标记评分卡模型。

一个评分卡模型元素Scorecard除了包含所有模型通用的模型属性以及子元素MiningSchema、Output、ModelStats、LocalTransformations和ModelVerification等共性部分外，还包括评分卡模型特有的属性和子元素。各种模型共性的内容请参见笔者的另一本书《PMML建模标准语言基础》，这里将主要介绍评分卡模型特有的部分。

在PMML规范中，评分卡模型元素Scorecard的定义如下：

```
1.  <xs:element name="Scorecard">
2.    <xs:complexType>
3.      <xs:sequence>
4.        <xs:element ref="Extension" minOccurs="0" maxOccurs="unbounded"/>
5.        <xs:element ref="MiningSchema"/>
6.        <xs:element ref="Output" minOccurs="0"/>
7.        <xs:element ref="ModelStats" minOccurs="0"/>
8.        <xs:element ref="ModelExplanation" minOccurs="0"/>
9.        <xs:element ref="Targets" minOccurs="0"/>
10.       <xs:element ref="LocalTransformations" minOccurs="0"/>
11.       <xs:element ref="Characteristics"/>
12.       <xs:element ref="ModelVerification" minOccurs="0"/>
13.       <xs:element ref="Extension" minOccurs="0" maxOccurs="unbounded"/>
14.     </xs:sequence>
15.     <xs:attribute name="modelName" type="xs:string"/>
16.     <xs:attribute name="functionName" type="MINING-FUNCTION" use="required"/>
17.     <xs:attribute name="algorithmName" type="xs:string"/>
18.     <xs:attribute name="initialScore" type="NUMBER" default="0"/>
19.     <xs:attribute name="useReasonCodes" type="xs:boolean" default="true"/>
20.     <xs:attribute name="reasonCodeAlgorithm" default="pointsBelow">
21.       <xs:simpleType>
22.         <xs:restriction base="xs:string">
23.           <xs:enumeration value="pointsAbove"/>
24.           <xs:enumeration value="pointsBelow"/>
25.         </xs:restriction>
26.       </xs:simpleType>
27.     </xs:attribute>
28.     <xs:attribute name="baselineScore" type="NUMBER"/>
```

```
29.     <xs:attribute name="baselineMethod" default="other">
30.       <xs:simpleType>
31.         <xs:restriction base="xs:string">
32.           <xs:enumeration value="max"/>
33.           <xs:enumeration value="min"/>
34.           <xs:enumeration value="mean"/>
35.           <xs:enumeration value="neutral"/>
36.           <xs:enumeration value="other"/>
37.         </xs:restriction>
38.       </xs:simpleType>
39.     </xs:attribute>
40.     <xs:attribute name="isScorable" type="xs:boolean" default="true"/>
41.   </xs:complexType>
42. </xs:element>
43.
44. <xs:element name="Characteristics">
45.   <xs:complexType>
46.     <xs:sequence>
47.       <xs:element ref="Extension" minOccurs="0" maxOccurs="unbounded"/>
48.       <xs:element ref="Characteristic" maxOccurs="unbounded"/>
49.     </xs:sequence>
50.   </xs:complexType>
51. </xs:element>
```

从上面的定义可以看出，评分卡模型元素Scorecard包含了一个特有的特征集子元素Characteristics，它包含了评分卡模型应用所需要的各种特征（以其子元素Characteristic表示）。除此之外，还包含了5个特有的属性：初始评分值属性initialScore、原因代码启用标志属性useReasonCodes、原因代码排序算法属性reasonCodeAlgorithm、基线评分值属性baselineScore、基线评分值计算方法属性baselineMethod。

下面我们分别详细介绍一下这5个属性以及特征集子元素Characteristics。

5.3.1 模型属性

任何一个模型都可以包含modelName、functionName、algorithmName和isScorable这4个属性，其中属性functionName是必选的，其他3个属性是可选的。它们具体的含义请参考第一章神经网络模型的相应部分，此处不再赘述。

这里需要注意的是属性functionName，在评分卡模型中，它只能取值"regression"。

评分卡模型除了具有上面几个所有模型共有的属性外，还具有initialScore、useReasonCodes、reasonCodeAlgorithm、baselineScore和baselineMethod等5个特有的、

模型级别的属性。

（1）初始评分值属性 initialScore

可选属性。此属性包含一个数值，当计算总体评分值时，各个部分评分值相加后，再加上此初始评分值，类似于回归模型中的截距。默认值为0。

（2）原因代码启用标志属性 useReasonCodes

可选属性。此属性包含一个布尔值。如果设置为"false"，则在评分卡模型构建过程中将忽略原因代码的计算；如果为"true"，则构建过程中，会把原因代码一起计算，计算结果将存放在输出元素 Output 中。此属性默认值为"true"。

（3）原因代码排序算法属性 reasonCodeAlgorithm

可选属性。此属性指定了预测数据时对原因代码的排序方式，可取值"pointsAbove"或者"pointsBelow"。

我们知道，在预测一条新数据时，每个特征变量都会产生一个对应的原因代码（与特征变量的属性值对应）。这些原因代码对最终结果的影响有大有小，存在一个次序。其中影响的大小通过特征变量的属性分数与基线评分值（由属性 baselineScore 指定，下面会有描述）之间的差决定。而本属性则指定了两者之间差 $diff$ 的计算方向。

如果此属性设置为"pointsAbove"，$diff$ = 属性分数 − 基线评分值。

如果此属性设置为"pointsBelow"，$diff$ = 基线评分值 − 属性分数。

则原因代码最后的排序结果将由所有的 $diff$ 的计算结果确定，其中 $diff$ 值越大，说明此原因代码对目标变量的影响程度越大。

（4）基线评分值属性 baselineScore

可选属性。在预测新数据时，此属性提供了对原因代码进行排序的重要参考值，这个值将适用于所有特征元素 Characteristic。另外，也可以为每一个特征元素 Characteristic 设置一个基线评分值（由其属性 baselineScore 设置）。这个属性只有在属性 useReasonCodes 设置为"true"，且特征元素 Characteristic 没有设置其属性 baselineScore 时有效。如果同时设置了特征元素 Characteristic 的属性 baselineScore，则以特征元素 Characteristic 的设置为优先。

（5）基线评分值计算方法属性 baselineMethod

可选属性。此属性指定了在模型构建过程中，计算基线评分值（由 baselineScore 指定）的方法。可以设置为下列方法之一。

➢ max：基线评分值是特征变量 Characteristic 的所有属性分数中的最大值。

➢ min：基线评分值是特征变量 Characteristic 的所有属性分数中的最小值。

➢ mean：基线评分值是特征变量 Characteristic 的所有属性分数的权重值，其中权重按照训练数据中的分布比例计算。

➢ neutral：基线评分值是特征变量 Characteristic 的所有属性分数中，在风险中性（risk-neutral）假设下对应的值。实际上就是优势比 *odds* 等于先验概率时的基线评分值，而先验概率可以通过所有样本数据来获得。所以，有时也称为"无信息（no information）"评分值。

➢ other：任何其他方法。

注意：这个属性纯粹是为模型使用者提供一些额外信息，它不参与评分预测过程。相反，属性 reasonCodeAlgorithm 对于预测过程中确定正确的原因代码至关重要。

5.3.2 模型子元素

评分卡模型 Scorecard 包含了一个特有的子元素：特征集元素 Characteristics。这个元素只是对一个或多个特征子元素 Characteristic 的封装，它没有任何属性。所以，这里我们讲述一下特征子元素 Characteristic。

特征元素 Characteristic 定义了每个模型特征变量的分数分配策略。一个特征元素对应着一个特征变量，它是由一个或多个属性子元素 Attribute 组成，而属性子元素 Attribute 最重要的属性就是属性分数属性 partialScore。顾名思义，属性分数也称为局部分数。在使用评分卡模型进行新数据预测时，最终的评分数就是新数据中的特征变量取值对应的属性分数之和。

在 PMML 规范中，特征元素 Characteristic 的定义如下：

```
1.<xs:element name="Characteristic">
2.  <xs:complexType>
3.    <xs:sequence>
4.      <xs:element ref="Extension" minOccurs="0" maxOccurs="unbounded"/>
5.      <xs:element ref="Attribute" maxOccurs="unbounded"/>
6.    </xs:sequence>
7.    <xs:attribute name="name" type="FIELD-NAME" use="optional"/>
8.    <xs:attribute name="reasonCode" type="xs:string"/>
9.    <xs:attribute name="baselineScore" type="NUMBER"/>
10. </xs:complexType>
11.</xs:element>
```

从上面的定义可以看出，一个特征元素 Characteristic 包含了 1 个属性子元素 Attribute 以及 3 个属性：名称属性 name、原因代码属性 reasonCode 和基线分数 baselineScore。

- 名称属性 name：可选属性，表示一个特征的名称；
- 原因代码属性 reasonCode：可选属性，包含了一个特征变量级别的原因代码。

● 基线评分值属性 baselineScore：可选属性，设置一个特征变量级别的基线评分值，作为原因代码排序的重要参考值。读者请注意这个属性与前面讲述的模型级别的属性 baselineScore 之间的区别。

在 PMML 规范中，属性元素 Attribute 的定义如下：

```
1.<xs:element name="Attribute">
2.  <xs:complexType>
3.    <xs:sequence>
4.      <xs:element ref="Extension" minOccurs="0" maxOccurs="unbounded"/>
5.      <xs:group ref="PREDICATE"/>
6.      <xs:element ref="ComplexPartialScore" minOccurs="0"/>
7.    </xs:sequence>
8.    <xs:attribute name="reasonCode" type="xs:string"/>
9.    <xs:attribute name="partialScore" type="NUMBER" use="optional"/>
10.  </xs:complexType>
11.</xs:element>
```

从这个定义中可以看出，属性元素 Attribute 可以包含一个谓词组子元素 PREDICATE 和一个可选的复杂属性分数子元素 ComplexPartialScore。除此之外，还有两个属性：原因代码属性 reasonCode 以及属性分数属性 partialScore。这里，我们首先介绍一下两个属性：

● 原因代码属性 reasonCode：可选属性。此属性指定了属性级别的原因代码。注意：属性级别的原因代码的优先级要高于特征元素 Characteristic 的原因代码。

● 属性分数属性 partialScore：可选属性。其值为数值类型。此属性定义了特征的属性值对应的得分数。注意：虽然此属性在这里定义为可选属性，但是属性值总是需要一个对应的得分数的。这或者通过直接设置此属性，或者通过复杂属性分数子元素 ComplexPartialScore（下面将会讲到）来设置。

在属性元素 Attribute 的两个子元素中，谓词组元素 PREDICATE 已经在第二章"决策树模型 TreeModel"中做了详细的说明，评分卡模型借用了这种优雅的表示，允许灵活定义每个特征变量中的每个属性，包括开放、封闭、半开放和无界区间、单个离散值、简单不等式和复合布尔逻辑等等，这里不再赘述，需要熟悉掌握这些知识的读者请翻阅第二章的相关内容。

这里有一点需要注意：按照 PMML 的规范，在评分卡模型中，一个特征元素 Characteristic 的所有属性子元素 Attribute 中定义的谓词表达式必须引用同一个字段元素 field。不过在实际操作中，我们发现是可以引用两个或多个字段元素 field 的。后面我们会给出一个引自红帽官网（https://access.redhat.com/）上的一个例子。

这里我们简要描述一下复杂属性分子元素ComplexPartialScore，它可以用来实现较为复杂的属性分数分配策略，用来替代属性分数属性partialScore，如果对这两者同时进行了定义，则复杂属性分子元素ComplexPartialScore具有比属性分数属性partialScore更高的优先级。它在PMML规范中的定义如下：

```
1.<xs:element name="ComplexPartialScore">
2.  <xs:complexType>
3.    <xs:sequence>
4.      <xs:element ref="Extension" minOccurs="0" maxOccurs="unbounded"/>
5.      <xs:group ref="EXPRESSION" minOccurs="1" maxOccurs="1"/>
6.    </xs:sequence>
7.  </xs:complexType>
8.</xs:element>
```

可以看出，此元素主要包括一个表达式子元素EXPRESSION。当定义元素ComplexPartialScore后，实际的属性分数将由表达式元素EXPRESSION的结果返回。关于表达式元素EXPRESSION的详细内容，请参见笔者的另一本书《PMML建模标准语言基础》。

最后强调一下：如果评分卡模型设置了属性useReasonCodes = "true"，那么必须在模型级别或特征子元素Characteristic中定义基线评分值属性baselineScore，并且在特征子元素Characteristic或其属性子元素Attribute中定义原因代码reasonCode；如果设置了属性useReasonCodes = "false"，则基线评分值属性baselineScore和原因代码属性reasonCode就可以忽略了。

上面我们已经把评分卡模型元素Scorecard的属性和子元素讲解完毕，下面我们以实例的形式进行具体说明。

（1）例子1

本例将按照表5-7所提供的信息（包括特征变量、属性值以及对应的得分数），构建一个符合PMML规范的评分卡模型。表5-7中的数据是基于三个预测变量："department"（所在部门）、"age"（年龄）和"income"（收入）。它们对应了三个特征：departmentScore、AgeScore和IncomeScore。

表5-7 例子1所用的数据

特征(Characteristic)	属性(Attribute)	评分卡得分数(Scorecard Point)
departmentScore	数据缺失	−9
	市场部	19
	工程部	3
	商务部	6

续表

特征(Characteristic)	属性(Attribute)	评分卡得分数(Scorecard Point)
AgeScore	数据缺失	−1
	0−18	−3
	19−29	0
	30−39	12
	40+	18
IncomeScore	数据缺失	3
	≤1000	(0.03×income)+11
	>1000且≤1500	5
	>1500	(0.01×income)−18

基于表5-7所给出的信息，对应的评分卡模型如下：

```
1. <PMML xmlns="http://www.dmg.org/PMML-4_3" version="4.3">
2.   <Header copyright="www.dmg.org" description="Sample scorecard">
3.     <Timestamp>2010-11-10T08:17:10.8</Timestamp>
4.   </Header>
5.   <DataDictionary>
6.     <DataField name="department" dataType="string" optype="categorical"/>
7.     <DataField name="age" dataType="integer" optype="continuous"/>
8.     <DataField name="income" dataType="double" optype="continuous"/>
9.     <DataField name="overallScore" dataType="double" optype="continuous"/>
10.  </DataDictionary>
11.  <Scorecard modelName="SampleScorecard" functionName="regression" useReasonCodes="true" reasonCodeAlgorithm="pointsBelow" initialScore="0" baselineMethod="other">
12.    <MiningSchema>
13.      <MiningField name="department" usageType="active" invalidValueTreatment="asMissing"/>
14.      <MiningField name="age" usageType="active" invalidValueTreatment="asMissing"/>
15.      <MiningField name="income" usageType="active" invalidValueTreatment="asMissing"/>
16.      <MiningField name="overallScore" usageType="target"/>
17.    </MiningSchema>
18.    <Output>
19.      <OutputField name="Final Score" feature="predictedValue" dataType="double" optype="continuous"/>
```

```xml
20.         <OutputField name="Reason Code 1" rank="1" feature="reason-
Code" dataType="string" optype="categorical"/>
21.         <OutputField name="Reason Code 2" rank="2" feature="reason-
Code" dataType="string" optype="categorical"/>
22.         <OutputField name="Reason Code 3" rank="3" feature="reason-
Code" dataType="string" optype="categorical"/>
23.     </Output>
24.     <Characteristics>
25.         <Characteristic name="departmentScore" reasonCode="RC1" baselineScore="19">
26.             <Attribute partialScore="-9">
27.                 <SimplePredicate field="department" operator="isMissing"/>
28.             </Attribute>
29.             <Attribute partialScore="19">
30.                 <SimplePredicate field="department" operator="equal" value="marketing"/>
31.             </Attribute>
32.             <Attribute partialScore="3">
33.                 <SimplePredicate field="department" operator="equal" value="engineering"/>
34.             </Attribute>
35.             <Attribute partialScore="6">
36.                 <SimplePredicate field="department" operator="equal" value="business"/>
37.             </Attribute>
38.             <Attribute partialScore="0">
39.                 <True/>
40.             </Attribute>
41.         </Characteristic>
42.         <Characteristic name="ageScore" reasonCode="RC2" baselineScore="18">
43.             <Attribute partialScore="-1">
44.                 <SimplePredicate field="age" operator="isMissing"/>
45.             </Attribute>
46.             <Attribute partialScore="-3">
47.                 <SimplePredicate field="age" operator="lessOrEqual" value="18"/>
48.             </Attribute>
49.             <Attribute partialScore="0">
50.                 <CompoundPredicate booleanOperator="and">
51.                     <SimplePredicate field="age" operator="greaterThan" value="18"/>
52.                     <SimplePredicate field="age" operator="lessOrEqual" value="29"/>
53.                 </CompoundPredicate>
```

```xml
54.      </Attribute>
55.      <Attribute partialScore="12">
56.        <CompoundPredicate booleanOperator="and">
57.          <SimplePredicate field="age" operator="greaterThan" value="29"/>
58.          <SimplePredicate field="age" operator="lessOrEqual" value="39"/>
59.        </CompoundPredicate>
60.      </Attribute>
61.      <Attribute partialScore="18">
62.        <SimplePredicate field="age" operator="greaterThan" value="39"/>
63.      </Attribute>
64.    </Characteristic>
65.    <Characteristic name="incomeScore" reasonCode="RC3" baselineScore="10">
66.      <Attribute partialScore="3">
67.        <SimplePredicate field="income" operator="isMissing"/>
68.      </Attribute>
69.      <Attribute partialScore="26">
70.        <SimplePredicate field="income" operator="lessOrEqual" value="1000"/>
71.      </Attribute>
72.      <Attribute>
73.        <SimplePredicate field="income" operator="lessOrEqual" value="1000"/>
74.        <ComplexPartialScore>
75.          <Apply function="+">
76.            <Apply function="*">
77.              <Constant>0.03</Constant>
78.              <FieldRef field="income"/>
79.            </Apply>
80.            <Constant>11</Constant>
81.          </Apply>
82.        </ComplexPartialScore>
83.      </Attribute>
84.      <Attribute partialScore="5">
85.        <CompoundPredicate booleanOperator="and">
86.          <SimplePredicate field="income" operator="greaterThan" value="1000"/>
87.          <SimplePredicate field="income" operator="lessOrEqual" value="2500"/>
88.        </CompoundPredicate>
89.      </Attribute>
90.      <Attribute>
```

```
91.        <SimplePredicate field="income" operator="greaterThan" value="1500"/>
92.        <ComplexPartialScore>
93.          <Apply function="-">
94.            <Apply function="*">
95.              <Constant>0.01</Constant>
96.              <FieldRef field="income"/>
97.            </Apply>
98.            <Constant>18</Constant>
99.          </Apply>
100.        </ComplexPartialScore>
101.      </Attribute>
102.    </Characteristic>
103.   </Characteristics>
104. </Scorecard>
105.</PMML>
```

注意：在上面的模型代码中，特征departmentScore的最后一个属性子元素Attribute总是返回真值（TRUE），这样的安排类似于开发语言中IF-THEN-ELSE语句中的ELSE部分。当特征departmentScore的其他属性子元素Attribute都返回假值（FALSE）时，这个属性子元素Attribute对应的得分将作为默认值返回。

另外一点，在上面的例子中，每个特征元素Characteristic均设置了各自的基线评分值属性baselineScore，同时原因代码reasonCode也是设置在这个级别上，分别是"RC1""RC2""RC3"。当然，如果评分卡模型需要针对每个类别取值（区间）给予一个原因代码也是完全可以的，此时需要设置属性子元素Attribute的原因代码属性reasonCode。这种情况下，在评分应用模型时，将使用属性子元素Attribute的原因代码（优先级将高于特征元素Characteristic的原因代码）。

现在我们对特征AgeScore的每个区间值设置一个唯一的原因代码，见表5-8。

表5-8 特征AgeScore不同取值的原因代码

属性(Attribute)	评分卡得分数(Scorecard Point)	原因代码(reason code)
数据缺失	−1	RC2_1
0-18	−3	RC2_2
19-29	0	RC2_3
30-39	12	RC2_4
40+	18	RC2_5

满足上述要求的PMML代码如下：

```
1.  <Scorecard modelName="SampleScorecard" functionName="regression"
2.      useReasonCodes="true" reasonCodeAlgorithm="pointsBelow"
3.      initialScore="0" baselineMethod="other">
4.      ...
5.      <Characteristic name="ageScore" baselineScore="18">
6.          <Attribute partialScore="-1" reasonCode="RC2_1">
7.              <SimplePredicate field="age" operator="isMissing"/>
8.          </Attribute>
9.          <Attribute partialScore="-3" reasonCode="RC2_2">
10.             <SimplePredicate field="age" operator="lessOrEqual" value="18"/>
11.         </Attribute>
12.         <Attribute partialScore="0" reasonCode="RC2_3">
13.             <CompoundPredicate booleanOperator="and">
14.                 <SimplePredicate field="age" operator="greaterThan" value="18"/>
15.                 <SimplePredicate field="age" operator="lessOrEqual" value="29"/>
16.             </CompoundPredicate>
17.         </Attribute>
18.         <Attribute partialScore="12" reasonCode="RC2_4">
19.             <CompoundPredicate booleanOperator="and">
20.                 <SimplePredicate field="age" operator="greaterThan" value="29"/>
21.                 <SimplePredicate field="age" operator="lessOrEqual" value="39"/>
22.             </CompoundPredicate>
23.         </Attribute>
24.         <Attribute partialScore="18" reasonCode="RC2_5">
25.             <SimplePredicate field="age" operator="greaterThan" value="39"/>
26.         </Attribute>
27.     </Characteristic>
28.     ...
29. </Scorecard>
```

（2）例子2

这是一个来自红帽官网的例子。在这个例子中，在一个特征元素Characteristic的属性子元素Attribute中定义的谓词表达式，是由不同的字段元素field组成的。本例网址：https://access.redhat.com/documentation/en-us/red_hat_decision_manager/7.4/html/designing_a_decision_service_using_pmml_models/pmml-examples-ref_pmml-models。

```xml
1.<PMML version="4.2" xsi:schemaLocation="http://www.dmg.org/PMML-4_2 http://www.dmg.org/v4-2-1/pmml-4-2.xsd" xmlns:xsi="http://www.w3.org/2001/XMLSchema-instance" xmlns="http://www.dmg.org/PMML-4_2">
2.    <Header copyright="JBoss"/>
3.    <DataDictionary numberOfFields="4">
4.      <DataField name="param1" optype="continuous" dataType="double"/>
5.      <DataField name="param2" optype="continuous" dataType="double"/>
6.      <DataField name="overallScore" optype="continuous" dataType="double" />
7.      <DataField name="finalscore" optype="continuous" dataType="double" />
8.    </DataDictionary>
9.    <Scorecard modelName="ScorecardCompoundPredicate" useReasonCodes="true" isScorable="true" functionName="regression" baselineScore="15" initialScore="0.8" reasonCodeAlgorithm="pointsAbove">
10.     <MiningSchema>
11.       <MiningField name="param1" usageType="active" invalidValueTreatment="asMissing">
12.       </MiningField>
13.       <MiningField name="param2" usageType="active" invalidValueTreatment="asMissing">
14.       </MiningField>
15.       <MiningField name="overallScore" usageType="target"/>
16.       <MiningField name="finalscore" usageType="predicted"/>
17.     </MiningSchema>
18.     <Characteristics>
19.       <Characteristic name="ch1" baselineScore="50" reasonCode="reasonCh1">
20.         <Attribute partialScore="20">
21.           <SimplePredicate field="param1" operator="lessThan" value="20"/>
22.         </Attribute>
23.         <Attribute partialScore="100">
24.           <CompoundPredicate booleanOperator="and">
25.             <SimplePredicate field="param1" operator="greaterOrEqual" value="20"/>
26.             <SimplePredicate field="param2" operator="lessOrEqual" value="25"/>
27.           </CompoundPredicate>
28.         </Attribute>
29.         <Attribute partialScore="200">
30.           <CompoundPredicate booleanOperator="and">
31.             <SimplePredicate field="param1" operator="greaterOrEqual" value="20"/>
32.             <SimplePredicate field="param2" operator="greaterThan" value="25"/>
33.           </CompoundPredicate>
```

```xml
34.         </Attribute>
35.       </Characteristic>
36.       <Characteristic name="ch2" reasonCode="reasonCh2">
37.         <Attribute partialScore="10">
38.           <CompoundPredicate booleanOperator="or">
39.             <SimplePredicate field="param2" operator="lessOrEqual" value="-5"/>
40.             <SimplePredicate field="param2" operator="greaterOrEqual" value="50"/>
41.           </CompoundPredicate>
42.         </Attribute>
43.         <Attribute partialScore="20">
44.           <CompoundPredicate booleanOperator="and">
45.             <SimplePredicate field="param2" operator="greaterThan" value="-5"/>
46.             <SimplePredicate field="param2" operator="lessThan" value="50"/>
47.           </CompoundPredicate>
48.         </Attribute>
49.       </Characteristic>
50.     </Characteristics>
51.   </Scorecard>
52. </PMML>
```

在这个例子中，有两个名称为ch1、ch1的特征元素，定义在它们的属性子元素Attribute中的谓词表达式都是由两个字段元素field组成的。

5.3.3 评分应用过程

在评分卡模型生成之后，我们就可以使用它们来对新的数据进行评分预测。

对于评分卡模型来说，它的使用过程非常简单。把所有输入变量值对应的属性分数相加，然后再加上初始评分值，就是模型的最后结果评分值。例如，对于例子1对应的评分卡模型，如果新数据是（"engineering"，"25"，"500"），即

department="engineering"，age="25"，income = "500"

从上面的模型中可知初始评分值属性initialScore，则最后的结果评分值为：3+0+26+0 = 29。

在使用模型预测新数据时，如果一个特征变量的多个属性子元素Attribute的谓词逻辑表达式都返回为TRUE（真），则选择第一个为真的属性分数；如果没有任何一个属性子元素Attribute的谓词逻辑表达式返回为TRUE（真），则评分卡模型的结果返回一个无效值。

由于原因代码在评分应用中具有重要意义，这里我们详细描述一下。

原因代码的排名次序意味着原因代码对预测结果分数的影响大小。在一次评分预测过程中，排序越靠前的原因代码，其影响程度越大。排序是通过计算特征变量的得分数与基线评分值属性baselineScore设定的分数值的差进行的。一般认为，在需要"分数越高越好"的应用场景中，通常设置模型属性reasonCodeAlgorithm = "pointsBelow"，如信用卡申请评分卡模型；在需要"分数越低越好"的应用场景中，通常设置模型属性reasonCodeAlgorithm = "pointsAbove"，如反欺诈评分卡模型。

① 对于每个独立的原因代码$R\_1, R\_2, \cdots, R\_n$，设置一个对应的记录差异分数的变量P_i（$i = 1\cdots n$）。

② 对于每个特征变量$C\_1, C\_2, \cdots, C\_m$，根据其实际数据，定位到相应的属性子元素Attribute，获取对应的属性分数。然后计算属性分数与特征的基线评分值之间的差异D_j（$j = 1\cdots m$）。计算公式与模型的属性reasonCodeAlgorithm的设置相关，具体见表5-9。

表5-9 属性reasonCodeAlgorithm的设置与D_j计算公式

reasonCodeAlgorithm	计算公式
pointsBelow	$D\_j = baselineScore\_j - partialScore\_j$
pointsAbove	$D\_j = partialScore\_j - baselineScore\_j$

③ 当baselineMethod不是min或max时，D_j可能是负数（这是正常情况）。

④ 根据上一步骤使用的属性子元素Attribute对应的原因代码，找到对应的差异分数变量P_i，并使$P\_i = P\_i+D\_j$。注意：一个原因代码有可能同时应用于不同的属性子元素上，甚至可能是跨特征变量的。

⑤ 最后根据差异分数变量$P\_1, P\_2, \cdots, P\_n$的值从大到小排序，并且返回同样属性的原因代码序列。第一个原因代码将是本次预测过程中，对目标变量影响最大的原因代码。

以上一节的例子1进行说明。在例子1中，"RC2"将是首要的原因代码，因为它的差异分数为18-0 = 18，为最高分；其次是原因代码"RC1"，因为它的差异分数为19-3 = 16，为第二高分。这里需要注意的是：由于与原因代码"RC3"对应的属性分数（26）大于其特征变量的基线分数值（10），且模型属性reasonCodeAlgorithm = "pointsBelow"，所以它的差异分数为10-26 = -16，为负数，这对解释不利决策的场景是没有意义的。所以，如果这个模型要求返回三个原因代码，则第三个原因代码将被第二重要的原因代码"RC1"代替。即返回"RC2""RC1""RC1"序列。

最后说明一点，如果在计算过程中差异分数D_j出现相等的情况，按照PMML规范，则返回首先出现属性子元素或特征变量相关联的原因代码（按照PMML模型文档从上到下的顺序）。

6 支持向量机模型
（SupportVectorMachineModel）

6.1 支持向量机模型基础知识

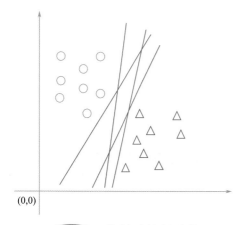

图6-1 二维空间中的分隔直线

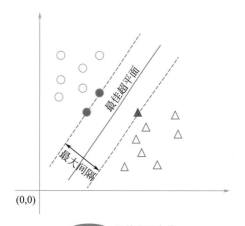

图6-2 最佳分隔直线

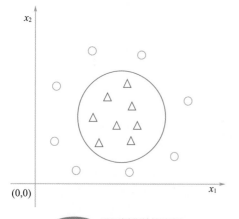

图6-3 圆形划分数据示例

支持向量机SVM（Support Vector Machine）是苏联学者Vladimir N.Vapkin和Alexey Ya. Chervonenkis于1963年提出的，它是一种功能强大且高度灵活的有监督学习算法，既可以用来做分类，也可以做回归预测，不过通常还是用它来解决分类问题，特别是二分类问题，此时它是一个能够将两种不同类别的样本（数据集）进行分隔的超平面（也称为决策平面，对于二维空间对应的就是分隔直线），如图6-1所示。

在图6-1中，红色三角形和蓝色圆形代表了不同类别的数据点，绿色直线则代表了分隔（区分）这两类数据的分隔直线（实现了分类的目的）。

从图6-1中可以看出，对于给定的数据点（样本数据），可以有多条分隔直线（决策边界），也就是说有多种实现分隔数据点的方案，那么哪条直线是最佳的分隔直线呢？

我们知道，距离样本数据点太近的直线不是最优的，因为这样的直线对噪声数据敏感度高（只要这些数据点稍微发生变化，就很容易划分为另外一种类别），容易出现过拟合，泛化性能较差。所以最佳分隔直线应该是离所有数据点距离最远的分隔直线。

由此可见，支持向量机SVM模型的实质是找出一个能够将某个指标最大化的超平面（二维空间为直线），这个指标就是在超平面与每个训练样本的距离集合中的最小距离，称为间隔（*margin*），如图6-2所示。

细心的读者可能会问：为什么要使用直线或超平面这种线性函数来划分类别？理论上当然可以使用非线性函数来进行划分，这是没有任何问题的，如图6-3所示的数据就可以使用圆形函数（二次函数）进行划分。

在图6-3中,我们可以使用一个圆形来划分两种数据样本。圆形方程为:

$$(x_1-a)^2+(x_2-b)^2=r^2$$

当$(x_1-a)^2+(x_2-b)^2 > r^2$时,数据点属于蓝色圆形这一类数据;否则属于红色三角形这一类数据。所以,对于上面这个特殊的样本数据分布来说,使用圆形方程完全可以进行数据划分(分类)。

不过,我们也可以看出,这种非线性划分模型比线性划分模型要复杂很多。线性划分只需要一条直线(或一个平面)就可以了,是所有曲线(或曲面)中最简单的形式,而非线性划分的形式就多种多样了。例如,仅在二维空间中,就有折线、圆形、双曲线、圆锥曲线等各种各样的曲线,并且没有一个统一的处理规则可遵循,需要具体问题具体处理;而线性划分不仅简单,容易研究,而且推广能力强,具有统一的处理规则,所以支持向量机SVM采用了线性模型。即使是在原始训练样本空间(输入空间)中不能直接使用线性模型进行划分,也可通过一定的方法映射到更高维的空间(特征空间)中进行线性划分,如图6-4所示。

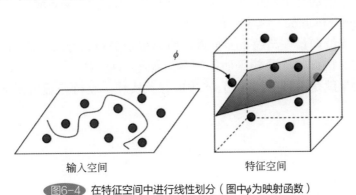

图6-4 在特征空间中进行线性划分(图中ϕ为映射函数)

前面讲过,支持向量机SVM不仅支持二分类,同样也支持多分类问题。对于多分类问题的解决方法,与多项逻辑回归模型中的解决方案类似,一般采取一对多方式(One-vs.-Rest)、一对一方式(One-vs.-One)的方式。关于多项逻辑回归的详细内容,请参阅本书的上册《数据挖掘与机器学习:PMML建模(上)》中的第六章"通用回归模型GeneralRegressionModel"中的内容,书中有详细的描述,本章不再赘述。

SVM被提出后,得到了快速发展,并衍生出了一系列改进和扩展算法,在人像识别、文本分类等模式识别问题中得到了广泛应用。下面简要介绍一下支持向量机SVM模型的优缺点。

优点:
◇ 在决策函数中仅使用训练样本的子集,即支持向量,计算的复杂性取决于支持向量的数目,而不是样本空间的维数。
◇ 算法在高维空间中能够有效使用;
◇ 在空间维度数量大于样本数量时,算法仍然有效;

◇ 具有通用性：可以为决策函数提供不同的内核函数。模型不仅适用于常见的通用内核函数，也可以指定自定义的内核函数。并且通过核函数的使用，一定程度上避免了"维数灾难"。

缺点：

◇ 模型没有直接提供概率估计。

◇ 当训练数据集非常大（如大于10000个训练数据）时，性能较差。所以，该模型非常适合样本数据不大的情况。

6.2 支持向量机模型算法简介

我们知道，任何一个样本数据都是以向量形式表示的。在支持向量机SVM模型中，把最靠近最佳超平面的几个数据点称为"支持向量（Support Vector）"，这也是支持向量机（Support Vector Machine）模型名称的由来。

由于这些"支持向量"离超平面很近，所以很容易被误分类，成为所有训练样本中最难分类的数据。因此，如果超平面能够尽可能地远离这些"支持向量"，即最大化间隔，那么分类效果就是最好的，如图6-5中的绿色实线。支持向量机模型SVM的算法原理就是基于此。

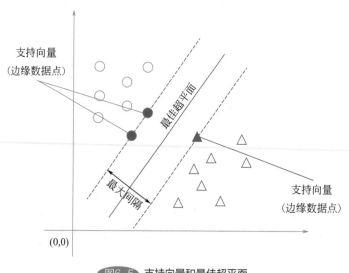

图6-5 支持向量和最佳超平面

由此可见，构建支持向量机SVM模型的一个重要任务就是要找到这些"支持向量"，它们将影响分隔超平面的位置，决定了分隔超平面函数的具体形式。

根据对训练数据原始输入空间是否可以直接线性划分，支持向量机模型可以分为以下几种。

（1）线性可分SVM

如果所有的训练数据均可以通过线性分隔，并且没有任何误差（零误差），称为线性可分支持向量机模型，也称为硬间隔（hard margin）SVM。图6-6就是一种线性可分SVM模型。

（2）线性SVM

如果所有的训练数据不能简单地通过线性可分，但是在容忍一定误差的情况下，可以近似线性可分，称为线性支持向量机模型，也称为软间隔(soft margin)。相对于上面的线性可分SVM模型而言，这种SVM也称为噪声线性可分SVM。可见，软间隔是硬间隔的扩展。在实际应用中，通过引入松弛因子，实现从硬间隔到软间隔的扩展，这是一种更为常见的情况。图6-6展示了一个线性SVM模型的示意图。

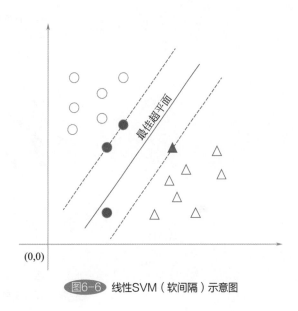

图6-6　线性SVM（软间隔）示意图

（3）非线性SVM

如果不能通过适当的线性SVM进行训练数据的划分（否则误差会太大，如图6-3所示），则可以通过映射关系，把原始训练样本的输入空间映射到更高维的空间（特征空间）中进行线性划分。如图6-4所示。这种支持向量机SVM模型需要利用到核函数的概念，是目前研究的重点，也是本书主要讲述的内容。

下面我们以二分类问题为例（假设只有正类+1、负类-1两个类别），简要介绍一下线性可分SVM模型的算法。

首先说明一下分类超平面的方程形式。假设有m个特征向量的维数，即输入变量的个数，则超平面h方程的形式如下：

$$h = w_0 + w_1 x_1 + w_2 x_2 + w_3 x_3 + \cdots$$
$$= w_0 + \sum_{i=1}^{m} w_i x_i$$
$$= w_0 + W^\mathrm{T} X$$
$$= W^\mathrm{T} X + b \text{（为了与线性方程形式上统一，令} b = w_0\text{）}$$

式中，W为线性方程的系数矩阵，也是超平面的法向量；T表示矩阵转置；X为特征向量；b为偏置项（即截距）。

注意：上式中 W 和 X 均为列向量，所以 W^TX 就是向量 W 和 X 的内积（点积），是一个标量。由此可知，除了截距，超平面的方程式只需要知道特征变量空间的向量内积就可以了，这一点非常重要。

这里我们以图6-7为例进行SVM算法的分析。规定法向量指向的一侧为正类（以+1表示），另一侧为负类（以-1表示）。

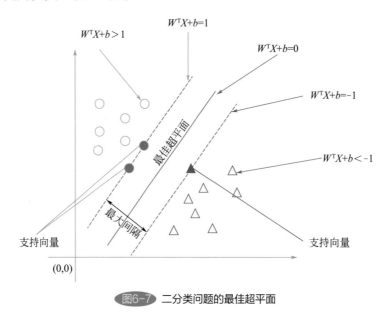

图6-7 二分类问题的最佳超平面

为了找到最佳分隔超平面，我们可以先选择分隔红色三角形和蓝色圆形这两类数据的两个平行超平面（图6-7中的绿色虚线），使得它们之间的距离尽可能大。通过前面的介绍，我们知道在这两个平行超平面之间的区域称为"间隔"，那么最佳分隔超平面将位于它们正中间的超平面。

由图6-7可知，间隔margin等于两个超平面（图中绿色虚线）之间的距离，所以计算公式为：

$$margin = \frac{2}{\sqrt{w_1^2+w_2^2+w_3^2+\cdots}} = \frac{2}{\|W\|}$$

我们的目标就是找到使"间隔"最大的超平面，即间隔margin最大化：

$$max(margin) = max\left(\frac{2}{\|W\|}\right)$$

为了计算方便，上式等价于 $min\left(\frac{1}{2}\|W\|^2\right)$。

式中加入 $\frac{1}{2}$ 是为了将来一次求导后消去指数2，没有其他特殊含义。

从图6-7上可以看出，上式的成立是有一定的约束条件的，即：

$$\begin{cases} W^TX+b \geq 1, & y_i=+1 \\ W^TX+b \leq -1, & y_i=-1 \end{cases}$$

其中，当数据点 X 为支持向量时（图6-7中的绿色虚线上的数据点），上式取等号。

最后总结一下间隔 margin 最大化的问题，可以表示如下：

$$\begin{cases} min\left(\frac{1}{2}\|W\|^2\right) \\ y_i(w^Tx_i+b) \geq 1, \quad i=1,2,\cdots,r. \end{cases}$$

所以，支持向量机SVM的构建实际上就是一个带有约束条件的优化问题。对于这类问题，一般通过拉格朗日乘子法构造拉格朗日函数，进而再求解其对偶问题(dual problem)得到原始问题的最优解。由于这已经是比较成熟的技术，这里直接给出结果：

$$\begin{cases} \hat{W}=\sum_{i\in sv} \hat{a}_i y_i x_i \\ \hat{b}=y_s-\sum_{i\in sv} \hat{a}_i y_i x_i \end{cases}$$

式中，sv 为支持向量的集合，y_s 为任何一个支持向量。

从上面的结果来看，支持向量机SVM的模型只与支持向量有关，而与非支持向量无关。所以，最佳分隔超平面只取决于支持向量。上面给出的是线性可分SVM算法的分析过程，对于线性SVM和非线性SVM的分析过程类似。不过非线性SVM涉及向高维空间映射的问题，这里有必要重点说明一下。

对于线性不可分的分类问题，在构建SVM模型（即非线性SVM）时，首先需要通过一定的函数映射，把原始的输入空间向高维空间，甚至是无穷维（特征空间）映射，然后在新的特征空间中进行线性划分。

我们知道，在高维空间中计算向量内积有时候是非常困难的（维数灾难，即在向量的相关计算中，随着维数的增加，计算量呈指数倍增长），不过，非常奇妙的是，在高维空间中的线性SVM模型构建过程中，不需要显式地定义映射函数 $\varphi(x)$，而可以通过事先定义在原始输入空间上的核函数（kernel function）$K(x_i,x_j)$ 计算高维特征空间中的向量内积（实际上高维特征空间中的向量内积是核函数的一个泰勒级数的展开形式），也就是说，在核函数 $K(x_i,x_j)$ 给定的情况下，可以利用求解线性问题的方法求解在原始输入空间中的非线性问题的支持向量机SVM。具体推导过程这里从略。

最为常用的核函数包括线性核函数、多项式核函数、径向基核函数和Sigmoid核函数等4种。

① 线性核函数（Linear kernel function） 线性核函数的公式为：

$$K(x_i, x_j)=\langle x_i, x_j \rangle=x_i^T x_j$$

② 多项式核函数（Polynomial kernel function） 多项式核函数的公式为：

$$K(x_i, x_j)=(\gamma x_i^T x_j+b)^d$$

③ 径向基核函数（Radial basis function） 也称为高斯核函数，其公式为：

$$K(x_i, x_j)=exp(-\gamma\|x_i-x_j\|^2)$$

④ Sigmoid 核函数（Sigmoid kernel function） Sigmoid 核函数的公式为：

$$K(x_i, x_j) = tanh(\gamma x_i^T x_j + b)$$

在上面的核函数公式中，γ、b、d 为核函数的参数，其中 γ 为正实数，b 为非负实数，d 是一个正整数。

所以支持向量机 SVM 在支持向量 x_i 的核函数 $K(x, x_i)$ 所跨越的空间中定义了最佳超平面的函数 $f(x)$，这个函数形式如下：

$$f(x) = \sum_{i=1}^{n} (\alpha_i K(x, x_i)) + b$$

式中，x_i 是支持向量；n 为支持向量的数量；α_i 是与支持向量对应的基本系数（实际上是拉格朗日乘子 Lagrange multiplier）；b 为绝对系数（即截距）。

6.3 支持向量机模型元素

在 PMML 规范中，使用元素 SupportVectorMachineModel 来标记支持向量机模型。一个支持向量机模型除了包含所有模型通用的模型属性以及子元素 MiningSchema、Output、ModelStats、LocalTransformations 和 ModelVerification 等共性部分外，还包括支持向量机模型特有的属性和子元素。各种模型共性的内容请参见笔者的另一本书《PMML 建模标准语言基础》，这里将主要介绍支持向量机模型特有的部分。

以下几点是支持向量机模型特有的内容：

① 向量字典子元素 VectorDictionary；
② 支持向量机子元素 SupportVectorMachine；
③ 一个核函数选择子元素；
④ threshold、svmRepresentation 等 4 个属性。

在 PMML 规范中，支持向量机模型元素 SupportVectorMachineModel 的定义如下：

```
1.<xs:element name="SupportVectorMachineModel">
2.  <xs:complexType>
3.    <xs:sequence>
4.      <xs:element ref="Extension" minOccurs="0" maxOccurs="unbounded"/>
5.      <xs:element ref="MiningSchema"/>
6.      <xs:element ref="Output" minOccurs="0"/>
7.      <xs:element ref="ModelStats" minOccurs="0"/>
8.      <xs:element ref="ModelExplanation" minOccurs="0"/>
9.      <xs:element ref="Targets" minOccurs="0"/>
```

```xml
10.        <xs:element ref="LocalTransformations" minOccurs="0"/>
11.        <xs:sequence>
12.          <xs:choice>
13.            <xs:element ref="LinearKernelType"/>
14.            <xs:element ref="PolynomialKernelType"/>
15.            <xs:element ref="RadialBasisKernelType"/>
16.            <xs:element ref="SigmoidKernelType"/>
17.          </xs:choice>
18.        </xs:sequence>
19.        <xs:element ref="VectorDictionary"/>
20.        <xs:element ref="SupportVectorMachine" maxOccurs="unbounded"/>
21.        <xs:element ref="ModelVerification" minOccurs="0"/>
22.        <xs:element ref="Extension" minOccurs="0" maxOccurs="unbounded"/>
23.      </xs:sequence>
24.      <xs:attribute name="modelName" type="xs:string" use="optional"/>
25.      <xs:attribute name="functionName" type="MINING-FUNCTION" use="required"/>
26.      <xs:attribute name="algorithmName" type="xs:string" use="optional"/>
27.      <xs:attribute name="threshold" type="REAL-NUMBER" use="optional" default="0"/>
28.      <xs:attribute name="svmRepresentation" type="SVM-REPRESENTATION" use="optional" default="SupportVectors"/>
29.      <xs:attribute name="classificationMethod" type="SVM-CLASSIFICATION-METHOD" use="optional" default="OneAgainstAll"/>
30.      <xs:attribute name="maxWins" type="xs:boolean" default="false"/>
31.      <xs:attribute name="isScorable" type="xs:boolean" default="true"/>
32.    </xs:complexType>
33.  </xs:element>
34.
35.  <xs:simpleType name="SVM-REPRESENTATION">
36.    <xs:restriction base="xs:string">
37.      <xs:enumeration value="SupportVectors"/>
38.      <xs:enumeration value="Coefficients"/>
39.    </xs:restriction>
40.  </xs:simpleType>
41.
42.  <xs:simpleType name="SVM-CLASSIFICATION-METHOD">
43.    <xs:restriction base="xs:string">
```

```
44.        <xs:enumeration value="OneAgainstAll"/>
45.        <xs:enumeration value="OneAgainstOne"/>
46.    </xs:restriction>
47.</xs:simpleType>
```

6.3.1 模型属性

任何一个模型都可以包含 modelName、functionName、algorithmName 和 isScorable 4 个属性，其中属性 functionName 是必选的，其他三个属性是可选的。它们具体的含义请参考第一章神经网络模型的相应部分，此处不再赘述。

对于支持向量机模型来说，属性 functionName 可取 "classification" 或者 "regression" 中的一个。设置属性 functionName = "regression" 表示模型用于连续型数值的回归预测；设置属性 functionName = "classification" 表示模型用于分类型或定序型变量的分类预测。

支持向量机模型除了具有上面几个所有模型共有的属性外，还具有 threshold、svmRepresentation、classificationMethod、maxWins 等 4 个特有的属性。

① 模型表示类型属性 svmRepresentation：可选属性。大多数情况下，支持向量机 SVM 是通过支持向量来定义模型函数的。不过，如果核函数使用的是线性核函数（LinearKernelType），则模型函数将是一个线性超平面；而线性超平面使用特征变量的系数来表达，将更加简单有效。此时，模型中可以不出现支持向量的定义，只保留特征变量的系数即可。即在元素 SupportVectorMachine 中，只保留其子元素 Coefficients 即可（在讲述模型子元素时会有详细描述）。

本属性取值是一个类型为 SVM-REPRESENTATION 的枚举类型，可取 "SupportVectors"、"Coefficients" 中的一个。默认值为 "SupportVectors"。

② 分类方法属性 classificationMethod：可选属性。此属性设置于解决多分类（目标变量大于两个类别）问题时采取的决策策略，对于二分类问题，此属性无需设置。

本属性取值是一个类型为 SVM-CLASSIFICATION-METHOD 的枚举类型，可取 "OneAgainstAll"、"OneAgainstOne" 中的一个。它们分别对应着"一对多方式"和"一对一方式"，默认值为 "OneAgainstAll"，即一对多方式。

③ 类别分隔阈值属性 threshold：可选属性。取值类型为数值型。对于二分类问题或者当分类方法属性 classificationMethod 设置为 "OneAgainstOne" 时，设置一个分类的判断阈值。默认值为 0。

④ 是否最大值胜出属性 maxWins：可选属性。取值为布尔类型（即可取 true 或 false）。本属性只对分类模型有效，指定最终胜出类别的方法。如果设置为 true，则具有最大模型函数值的类别将胜出；否则具有最小模型函数值的类别将胜出。默认值为 false。另外，此属性也将会影响与属性 threshold 相比较的操作，这在后面会有详述。

6.3.2 模型子元素

支持向量机模型元素SupportVectorMachineModel包含了一个向量字典子元素VectorDictionary、一个或多个支持向量机子元素SupportVectorMachine，以及一个核函数选择子元素等3个特有的子元素。

6.3.2.1 支持向量机SVM的核函数

核函数定义了SVM模型的基函数模型。目前，PMML V4.3规范支持上一小节中讲述的4种核函数，即线性核函数、多项式核函数、径向基核函数和Sigmoid核函数。

在PMML规范中，上述4种核函数的定义如下：

```
1. <xs:element name="LinearKernelType">
2.   <xs:complexType>
3.     <xs:sequence>
4.       <xs:element ref="Extension" minOccurs="0" maxOccurs="unbounded"/>
5.     </xs:sequence>
6.     <xs:attribute name="description" type="xs:string" use="optional"/>
7.   </xs:complexType>
8. </xs:element>
9.
10. <xs:element name="PolynomialKernelType">
11.   <xs:complexType>
12.     <xs:sequence>
13.       <xs:element ref="Extension" minOccurs="0" maxOccurs="unbounded"/>
14.     </xs:sequence>
15.     <xs:attribute name="description" type="xs:string" use="optional"/>
16.     <xs:attribute name="gamma" type="REAL-NUMBER" use="optional" default="1"/>
17.     <xs:attribute name="coef0" type="REAL-NUMBER" use="optional" default="1"/>
18.     <xs:attribute name="degree" type="REAL-NUMBER" use="optional" default="1"/>
19.   </xs:complexType>
20. </xs:element>
21.
22. <xs:element name="RadialBasisKernelType">
23.   <xs:complexType>
24.     <xs:sequence>
25.       <xs:element ref="Extension" minOccurs="0" maxOccurs="unbounded"/>
```

```
26.        </xs:sequence>
27.        <xs:attribute name="description" type="xs:string" use="optional"/>
28.        <xs:attribute name="gamma" type="REAL-NUMBER" use="optional" default="1"/>
29.     </xs:complexType>
30. </xs:element>
31.
32. <xs:element name="SigmoidKernelType">
33.     <xs:complexType>
34.        <xs:sequence>
35.           <xs:element ref="Extension" minOccurs="0" maxOccurs="unbounded"/>
36.        </xs:sequence>
37.        <xs:attribute name="description" type="xs:string" use="optional"/>
38.        <xs:attribute name="gamma" type="REAL-NUMBER" use="optional" default="1"/>
39.        <xs:attribute name="coef0" type="REAL-NUMBER" use="optional" default="1"/>
40.     </xs:complexType>
41. </xs:element>
```

为了更好地理解PMML规范中的核函数定义，这里按照PMML规范的形式重新描述一下这4种核函数。

◇ LinearKernelType：线性核函数。SVM模型将使用超平面作为分类器。形式为：

$$K(x_i, x_j) = \langle x_i, x_j \rangle$$

◇ PolynomialKernelType：多项式核函数。SVM模型将使用多项式作为分类器。形式为：

$$K(x_i, x_j) = (gamma \times \langle x_i, x_j \rangle + coef0)^{degree}$$

◇ RadialBasisKernelType：径向基核函数，也称为高斯核函数。SVM模型将使用高斯函数作为分类器。形式为：

$$K(x_i, x_j) = exp(-gamma \times \|x_i - x_j\|^2)$$

◇ SigmoidKernelType：Sigmoid核函数。SVM模型将使用S型函数作为分类器。形式为：

$$K(x_i, x_j) = tanh(gamma \times \langle x_i, x_j \rangle + coef0)$$

这些核函数是与上一小节中讲述的4种核函数一一对应的。这里的参数gamma、coef0、degree分别对应着前面4种核函数的γ、b、d。

上述核函数定义中，4种核函数都具有描述属性description，它的作用是：任何关于核函数的其他额外信息可以在属性description中设置。

6.3.2.2　向量字典子元素VectorDictionary

在一个PMML文档中是可以包含多个支持向量机SVM模型的，例如多分类问题的SVM模型文档，或者带有多个SVM节点的决策树模型，在这种情况下，多个SVM模型可能共享相同的支持向量，我们可以把这些支持向量存放PMML文档的一个子元素内。这个子元素就是向量字典子元素VectorDictionary。

元素VectorDictionary是一个向量的容器，包含了所有的支持向量。在PMML规范中，它的定义如下：

```xml
1.<xs:element name="VectorDictionary">
2.  <xs:complexType>
3.    <xs:sequence>
4.      <xs:element ref="Extension" minOccurs="0" maxOccurs="unbounded"/>
5.      <xs:element ref="VectorFields"/>
6.      <xs:element ref="VectorInstance" minOccurs="0" maxOccurs="unbounded"/>
7.    </xs:sequence>
8.    <xs:attribute name="numberOfVectors" type="INT-NUMBER" use="optional"/>
9.  </xs:complexType>
10.</xs:element>
11.
12.<xs:element name="VectorFields">
13.  <xs:complexType>
14.    <xs:sequence>
15.      <xs:element ref="Extension" minOccurs="0" maxOccurs="unbounded"/>
16.      <xs:choice maxOccurs="unbounded">
17.        <xs:element ref="FieldRef"/>
18.        <xs:element ref="CategoricalPredictor"/>
19.      </xs:choice>
20.    </xs:sequence>
21.    <xs:attribute name="numberOfFields" type="INT-NUMBER" use="optional"/>
22.  </xs:complexType>
23.</xs:element>
24.
25.<xs:simpleType name="VECTOR-ID">
26.  <xs:restriction base="xs:string"/>
```

```
27.</xs:simpleType>
28.
29.<xs:element name="VectorInstance">
30.  <xs:complexType>
31.    <xs:sequence>
32.      <xs:element ref="Extension" minOccurs="0" maxOccurs="unbounded"/>
33.      <xs:choice>
34.        <xs:element ref="REAL-SparseArray"/>
35.        <xs:group ref="REAL-ARRAY"/>
36.      </xs:choice>
37.    </xs:sequence>
38.    <xs:attribute name="id" type="VECTOR-ID" use="required"/>
39.  </xs:complexType>
40.</xs:element>
```

从上面的定义可以看出，向量字典子元素 VectorDictionary 包含一个向量字段集合子元素 VectorFields、可选的向量实例子元素 VectorInstance，以及一个可选的向量个数属性 numberOfVectors。如果设置了属性 numberOfVectors，则其值必须与包含的向量个数相同。

下面我们概要讲述一下子元素 VectorFields 和 VectorInstance。

（1）向量字段集合元素 VectorFields

这个元素包含了向量每个维度对应的字段引用或者分类型预测变量 CategoricalPredictor，以及一个字段数量属性 numberOfFields。

对于分类型预测变量，通常需要转换为一组连续型的哑变量，这样一个分类型预测变量通常会对应着向量中的一组维度。为了表示这种情况，一个分类型变量与其任何一个类别值的组合通过子元素 CategoricalPredictor 来表示，只是在支持向量机 SVM 模型中，这个元素的必选回归系数属性 coefficient 是需要忽略的。关于元素 CategoricalPredictor 的详细说明，在本书的上册《数据挖掘与机器学习：PMML 建模（上）》第七章"回归模型 RegressionModel"中有详细的描述，这里不再赘述。

属性 numberOfFields 指定了集合元素 VectorFields 中元素的个数，也就是字典元素 VectorDictionary 中向量的维数。

（2）向量实例元素 VectorInstance

元素 VectorInstance 表示一个支持向量。这个支持向量可通过其标志属性 id（类型为 VECTOR-ID，实际上就是字符串类型）被其它元素所引用。注意：这里不包含对应输入向量的目标值。

元素 VectorInstance 可以以密集或稀疏数组的形式表示支持向量，数组中值的顺序对应元素 VectorFields 中字段的顺序，并且稀疏数组的大小必须与元素 VectorFields 包含的字段的个数相同。注意：以稀疏数组表示有非常重要的意义，因为支持向量机 SVM 模型通常可以处理高维数据（尽管支持向量的个数可以很小）。

6.3.2.3　支持向量机元素 SupportVectorMachine

支持向量机元素 SupportVectorMachine 包含了单一一个支持向量机 SVM 模型。

前面讲过，一个支持向量机 SVM 模型元素 SupportVectorMachineModel 可以包含一个或多个支持向量机子元素 SupportVectorMachine，也就是说，可以包含多个支持向量机 SVM 模型。

在 PMML 规范中，元素 SupportVectorMachine 的定义如下：

```
1. <xs:element name="SupportVectorMachine">
2.   <xs:complexType>
3.     <xs:sequence>
4.       <xs:element ref="Extension" minOccurs="0" maxOccurs="unbounded"/>
5.       <xs:element ref="SupportVectors" minOccurs="0"/>
6.       <xs:element ref="Coefficients"/>
7.     </xs:sequence>
8.     <xs:attribute name="targetCategory" type="xs:string" use="optional"/>
9.     <xs:attribute name="alternateTargetCategory" type="xs:string" use="optional"/>
10.    <xs:attribute name="threshold" type="REAL-NUMBER" use="optional"/>
11.  </xs:complexType>
12. </xs:element>
13.
14. <xs:element name="SupportVectors">
15.   <xs:complexType>
16.     <xs:sequence>
17.       <xs:element ref="Extension" minOccurs="0" maxOccurs="unbounded"/>
18.       <xs:element ref="SupportVector" maxOccurs="unbounded"/>
19.     </xs:sequence>
20.     <xs:attribute name="numberOfSupportVectors" type="INT-NUMBER" use="optional"/>
21.     <xs:attribute name="numberOfAttributes" type="INT-NUMBER" use="optional"/>
22.   </xs:complexType>
23. </xs:element>
24.
25. <xs:element name="SupportVector">
26.   <xs:complexType>
27.     <xs:sequence
```

```
28.        <xs:element ref="Extension" minOccurs="0" maxOccurs="unbounded"/>
29.      </xs:sequence>
30.      <xs:attribute name="vectorId" type="VECTOR-ID" use="required"/>
31.    </xs:complexType>
32.</xs:element>
33.
34.<xs:element name="Coefficients">
35.    <xs:complexType>
36.      <xs:sequence>
37.        <xs:element ref="Extension" minOccurs="0" maxOccurs="unbounded"/>
38.        <xs:element ref="Coefficient" maxOccurs="unbounded"/>
39.      </xs:sequence>
40.      <xs:attribute name="numberOfCoefficients" type="INT-NUMBER" use="optional"/>
41.      <xs:attribute name="absoluteValue" type="REAL-NUMBER" use="optional" default="0"/>
42.    </xs:complexType>
43.</xs:element>
44.
45.<xs:element name="Coefficient">
46.    <xs:complexType>
47.      <xs:sequence>
48.        <xs:element ref="Extension" minOccurs="0" maxOccurs="unbounded"/>
49.      </xs:sequence>
50.      <xs:attribute name="value" type="REAL-NUMBER" use="optional" default="0"/>
51.    </xs:complexType>
52.</xs:element>
```

从上面的定义可以看出，元素SupportVectorMachine可包含一个支持向量集合子元素SupportVectors、一个支持向量系数集合子元素Coefficients，以及3个属性：targetCategory、alternateTargetCategory和threshold。

我们先看一下这3个属性。

● 目标类别属性targetCategory：可选属性。但是对于分类SVM模型来说，这是一个必选属性，特别是处理多分类问题时。

当针对"一对多方式"（模型属性classificationMethod = "OneAgainstAll"）时，这个属性指定了相应的预测目标类别（即对应"一对多方式"中的"一"的类别）。在这种情况下，对于目标变量有n个类别值的情形，正好需要n个支持向量机元素

SupportVectorMachine。

当针对"一对一方式"(模型属性classificationMethod = "OneAgainstOne")时,这个属性指定了第一个预测目标类别。

根据模型元素属性maxWins的设置,最终的预测类别由SVM模型函数的最大值或最小值决定。

● alternateTargetCategory:可选属性。但是对于二分类模型、"一对一方式"的多分类模型,这个属性是必选属性。

在"一对一方式"(模型属性classificationMethod = "OneAgainstOne")的多分类问题中,需要$\frac{n(n-1)}{2}$个支持向量机元素SupportVectorMachine,此时,在每一个元素SupportVectorMachine内,第一个类别值由targetCategory指定,第二个类别值由本属性指定。对于每个元素SupportVectorMachine内胜出的预测类别,通过SVM模型函数值与类别分隔阈值属性threshold的比较确定。具体过程是这样的:如果模型元素属性maxWins设置为"true",并且SVM模型函数值大于属性threshold的值,或者属性maxWins设置为"false",并且SVM模型函数值小于属性threshold的值,则预测类别为属性targetCategory的值;否则为本属性alternateTargetCategory的值。

● 类别分隔阈值属性threshold:可选属性。与模型的类别分隔阈值属性threshold含义一样。只是这里针对的是一个支持向量机元素SupportVectorMachine。如果在模型级别也设置了此属性,则此属性的优先级高于模型级别的属性。

除了上面3个属性外,元素SupportVectorMachine还有以下两个子元素。

① 支持向量集合元素SupportVectors。元素SupportVectors是包含了SVM实例模型所需要的支持向量,它是由支持向量子元素SupportVector以及支持向量数量属性numberOfSupportVectors、向量维度数量属性numberOfAttributes组成的。

● 支持向量数量属性numberOfSupportVectors:可选属性。指定元素SupportVectors所包含的支持向量的数量。

● 向量维度数量属性numberOfAttributes:可选属性。指定支持向量的维度数量。

支持向量子元素SupportVector仅由一个向量标识属性vectorId组成,它引用一个在向量字典VectorDictionary中定义的支持向量。

② 支持向量系数集合元素Coefficients。元素Coefficients包含了SVM实例模型函数中支持向量系数(包括偏置项,即截距)信息,它是由支持向量系数子元素Coefficient以及系数数量属性numberOfCoefficients、偏置项属性absoluteValue组成。

● 系数数量属性numberOfCoefficients:可选属性。指定了支持向量系数的个数,它必须与支持向量集合元素SupportVectors中的支持向量个数相等。

● 偏置项属性absoluteValue:可选属性。SVM实例模型函数的偏置项,为一个实数值。默认值为0。

到这里，我们已经把支持向量机模型元素SupportVectorMachineModel的属性和组成子元素讲解完毕，下面请参看一个结构完整的例子，例子展示了一个分类型SVM模型，给出了分类型预测变量CategoricalPredictor在模型中的使用方式。请读者对照上面的内容，仔细阅读。

```
1. <PMML xmlns="http://www.dmg.org/PMML-4_3" version="4.3">
2.   <Header copyright="2016 DMG.org">
3.   </Header>
4.   <DataDictionary numberOfFields="3">
5.     <DataField dataType="integer" name="Age" optype="continuous"/>
6.     <DataField dataType="string" name="Employment" optype="categorical">
7.       <Value value="Private"/>
8.       <Value value="Consultant"/>
9.       <Value value="SelfEmp"/>
10.      <Value value="Unemployed"/>
11.    </DataField>
12.    <DataField dataType="string" name="TARGET" optype="categorical">
13.      <Value value="0"/>
14.      <Value value="1"/>
15.    </DataField>
16.  </DataDictionary>
17.  <SupportVectorMachineModel modelName="SVM" functionName="classification" svmRepresentation="SupportVectors">
18.    <MiningSchema>
19.      <MiningField name="Age"/>
20.      <MiningField name="TARGET" usageType="predicted"/>
21.      <MiningField name="Employment"/>
22.    </MiningSchema>
23.    <PolynomialKernelType coef0="1.0" degree="1.0" gamma="1.0"/>
24.    <VectorDictionary numberOfVectors="3">
25.      <VectorFields numberOfFields="5">
26.        <FieldRef field="Age"/>
27.        <CategoricalPredictor name="Employment" value="Private" coefficient="1"/>
28.        <CategoricalPredictor name="Employment" value="Consultant" coefficient="1"/>
29.        <CategoricalPredictor name="Employment" value="SelfEmp" coefficient="1"/>
30.        <CategoricalPredictor name="Employment" value="Unemployed" coefficient="1"/>
```

```xml
31.     </VectorFields>
32.     <VectorInstance id="1">
33.       <REAL-SparseArray n="5">
34.         <Indices>1 2</Indices>
35.         <REAL-Entries>0.4694971021222236 1.0</REAL-Entries>
36.       </REAL-SparseArray>
37.     </VectorInstance>
38.     <VectorInstance id="2">
39.       <REAL-SparseArray n="5">
40.         <Indices>1 3</Indices>
41.         <REAL-Entries>1.573676552080416 1.0</REAL-Entries>
42.       </REAL-SparseArray>
43.     </VectorInstance>
44.     <VectorInstance id="3">
45.       <REAL-SparseArray n="5">
46.         <Indices>1 4</Indices>
47.         <REAL-Entries>1.9417363687331468 1.0</REAL-Entries>
48.       </REAL-SparseArray>
49.     </VectorInstance>
50.   </VectorDictionary>
51.   <SupportVectorMachine targetCategory="0" alternateTargetCategory="1">
52.     <SupportVectors numberOfAttributes="5" numberOfSupportVectors="3">
53.       <SupportVector vectorId="1"/>
54.       <SupportVector vectorId="2"/>
55.       <SupportVector vectorId="3"/>
56.     </SupportVectors>
57.     <Coefficients numberOfCoefficients="3" absoluteValue="-1.9484983196017862">
58.       <Coefficient value="1.0"/>
59.       <Coefficient value="1.0"/>
60.       <Coefficient value="-1.0"/>
61.     </Coefficients>
62.   </SupportVectorMachine>
63.  </SupportVectorMachineModel>
64. </PMML>
```

6.3.3 评分应用过程

在模型生成之后，就可以应用于新数据进行评分应用了。评分应用以一个新的数据向量作为输入，以目标变量的某个类别标签为输出结果。这里，我们结合下面的例子展示如何对新的数据进行评分应用。

这个例子是一个二分类支持向量机SVM模型，所有的向量数据都作为支持向量，目标变量为class，具有"yes"和"no"两个值。模型使用的核函数为径向基核函数（设置了RadialBasisKernelType子元素）

例子代码如下：

```
1. <PMML xmlns="http://www.dmg.org/PMML-4_3" version="4.3">
2.   <Header copyright="DMG.org"/>
3.   <DataDictionary numberOfFields="3">
4.     <DataField name="x1" optype="continuous" dataType="double"/>
5.     <DataField name="x2" optype="continuous" dataType="double"/>
6.     <DataField name="class" optype="categorical" dataType="string">
7.       <Value value="no"/>
8.       <Value value="yes"/>
9.     </DataField>
10.  </DataDictionary>
11.  <SupportVectorMachineModel modelName="SVM XOR Model" algorithmName="supportVectorMachine" functionName="classification" svmRepresentation="SupportVectors">
12.    <MiningSchema>
13.      <MiningField name="x1"/>
14.      <MiningField name="x2"/>
15.      <MiningField name="class" usageType="target"/>
16.    </MiningSchema>
17.    <RadialBasisKernelType gamma="1.0" description="Radial basis kernel type"/>
18.    <VectorDictionary numberOfVectors="4">
19.      <VectorFields numberOfFields="2">
20.        <FieldRef field="x1"/>
21.        <FieldRef field="x2"/>
22.      </VectorFields>
23.      <VectorInstance id="mv0">
24.        <!-- vector x1=0, x2=0 -->
25.        <REAL-SparseArray n="2"/>
26.      </VectorInstance>
27.      <VectorInstance id="mv1">
```

```xml
28.        <!-- vector x1=0, x2=1 -->
29.        <REAL-SparseArray n="2">
30.          <Indices>2</Indices>
31.          <REAL-Entries>1.0</REAL-Entries>
32.        </REAL-SparseArray>
33.      </VectorInstance>
34.      <VectorInstance id="mv2">
35.        <!-- vector x1=1, x2=0 -->
36.        <REAL-SparseArray n="2">
37.          <Indices>1</Indices>
38.          <REAL-Entries>1.0</REAL-Entries>
39.        </REAL-SparseArray>
40.      </VectorInstance>
41.      <VectorInstance id="mv3">
42.        <!-- vector x1=1, x2=1 -->
43.        <REAL-SparseArray n="2">
44.          <Indices>1 2</Indices>
45.          <REAL-Entries>1.0 1.0</REAL-Entries>
46.        </REAL-SparseArray>
47.      </VectorInstance>
48.    </VectorDictionary>
49.    <SupportVectorMachine targetCategory="no" alternateTargetCategory="yes">
50.      <SupportVectors numberOfAttributes="2" numberOfSupportVectors="4">
51.        <SupportVector vectorId="mv0"/>
52.        <SupportVector vectorId="mv1"/>
53.        <SupportVector vectorId="mv2"/>
54.        <SupportVector vectorId="mv3"/>
55.      </SupportVectors>
56.      <Coefficients absoluteValue="0" numberOfCoefficients="4">
57.        <Coefficient value="-1.0"/>
58.        <Coefficient value="1.0"/>
59.        <Coefficient value="1.0"/>
60.        <Coefficient value="-1.0"/>
61.      </Coefficients>
62.    </SupportVectorMachine>
63.  </SupportVectorMachineModel>
64.</PMML>
```

根据上面的SVM模型可知：

◇ 核函数为径向基核函数（高斯核函数）；
◇ 模型偏置项（截距）$b=0$（absoluteValue $=0$）；
◇ 径向基核函数参数 gamma $=1.0$；
◇ 4个支持向量分别为：$mv0=(0,0)$，$mv1=(0,1)$，$mv2=(1,0)$，$mv3=(1,1)$；
◇ 4个支持向量对应的系数分别为：$\alpha_1=-1.0$，$\alpha_2=1.0$，$\alpha_3=1.0$，$\alpha_4=-1.0$；
◇ threshold $=0$（默认值）。

对于一个新数据 x：$x=mv0=(x1=0.0, x2=0.0)$。
根据这些信息，对进行评分应用，结果为：

$$f(x)=\sum_{i=1}^{4}(\alpha_i \times K(x, x_i))+b$$

$=(-1.0) \times K(x, mv0)+(1.0) \times K(x, mv1)+(1.0) \times K(x, mv2)+(-1.0) \times K(x, mv3)+0$

$=(-1.0) \times exp(-1.0 \times \|x-mv0\|^2)+(1.0) \times exp(-1.0 \times \|x-mv1\|^2)+(1.0)$
$\quad \times exp(-1.0 \times \|x-mv2\|^2)+(-1.0) \times exp(-1.0 \times \|x-mv3\|^2)+0$

$=(-1.0) \times exp(-1.0 \times \|(0,0)^T-(0,0)^T\|^2)+1.0 \times exp(-1.0 \times \|(0,0)^T-(0,1)^T\|^2)+1.0$
$\quad \times exp(-1.0 \times \|(0,0)^T-(1,0)^T\|^2)-1.0 \times exp(-1.0 \times \|(0,0)^T-(1,1)^T\|^2)+0$

$=-1.0 \times exp(0.0)+1.0 \times exp(-1.0)+1.0 \times exp(-1.0)-1.0 \times exp(-2.0)+0$

$=-0.399576$

即：

$$f(x=mv0)=-0.399576$$

同理，对其他支持向量做评分，结果如下：

$$f(x=mv1)=0.399576$$
$$f(x=mv2)=0.399576$$
$$f(x=mv3)=-0.399576$$

对于阈值 threshold$=0$ 时的情况，新数据为向量 mv0 和 mv3 时，预测类别为"no"；新数据为向量 mv1 和 mv2 时，预测类别为"yes"。这与提供的训练数据的结果是一致的。

7 时间序列模型（TimeSeriesModel）

7.1 时间序列模型基础知识

时间序列（Time Series）是一组按照特定时间间隔记录的、具有随机性且前后相互关联的动态数据序列，时间序列分析则是基于历史时间序列数据的分析，并通过一定的模型进行预测。除了预测功能外，时间序列分析还可以作为一种插值方法来使用，实现对缺失值的处理。

图7-1是一个时间序列的例子，这是股票"波导股份"在2013年3月5日一天交易的序列数据。

图7-1 时间序列例子

从上图可以看出：

◇ 股票价格有一个整体向上的趋势，但增长趋势并不是单调上升的，而是有涨有落。
◇ 该股票股价的升降不是杂乱无章的，而是与分钟周期有关系。
◇ 除了增长的趋势和分钟周期影响之外，还存在着无规律的随机因素的作用。
◇ 股票交易价格前后之间不是独立的，而是相关的（自相关性）。

下面给出时间序列的数学定义：按照时间排序（索引）的数据序列 $\{X_t | t = 0, \pm 1, \pm 1, \cdots, \pm N\}$ 称为时间序列，其中 t 代表某个时间点，对于每个 t，X_t 都是一个随机变量（因此时间序列又称为随机时间序列）。

时间序列分析是通过处理目标变量自身的时间序列数据，研究目标变量随时间的演变特性与规律，进而预测目标对象的未来发展，它不研究变量之间相互依存的因果关系。时间序列概括了目标变量在一定时期内的变动过程，反映了目标变量受其他各种难以量化的因素的影响，从这些因素的综合影响效果来看，时间序列数据的变动包括以下4个成分。

（1）长期趋势T（trend）

目标变量随着时间变化，呈现出一种持续上升、下降或不变的同性质变动趋向。

（2）周期性C（cyclic）

目标变量以较长时间（一般是一年以上）为周期，由于外部因素的影响，交替出现高峰与低谷的规律。

（3）季节性变化S（seasonal variation）

目标变量在一年周期内随着季节的变化而发生的有规律的周期性变动。

（4）随机波动，即不规则变化I（irregular movement）

一种无规律可循的变动，包括随机扰动和突发且影响很大的变动两种类型。由于不规则变动具有不可预见性，不能用确切的公式加以确定，并且在一段时间内这些随机因素可以互相抵消，所以在对时间数列的变化因素进行分析时，可以不予考虑。

时间序列X_t可以看作是以上4个组成成分的函数，即：

$$X_t = f(T, C, S, I)$$

并不是任何一个时间序列都包括以上4个部分。例如，一个音频文件包含的数据是一个时间序列，但是它不包含季节性变化。

图7-2所示就是一个典型的时间序列图形，展示的是历年飞机乘客（AirPassengers）随时间的变化趋势。

目前时间序列分析的模型有很多种，包括谱分析、自回归移动平均模型ARIMA、指数平滑法和STL分解模型等等，它们都是建立在时间序列的平稳性（stationarity）基础之上的。我们把只含有随机波动，而不存在趋势的时间序列称为平稳时间序列。

如果时间序列$\{X_t | t = 0, \pm 1, \pm 1, \cdots, \pm N\}$满足：

① 对任何$t \in N$，期望$E(X_t) = \mu$是一个与时间t无关的常数；

② 对任何$t \in N$，方差$Var(X_t) = E((X_t - \mu)^2) = \sigma^2$是一个与时间$t$无关的常数；

③ 对任何$t, k \in N$，协方差$Cov(X_t, X_{t+k}) = E((X_t - \mu)(X_{t+k} - \mu)) = \gamma_k$是一个只与时间间隔$k$有关，而与时间$t$无关的常数。

则称该时间序列是平稳的，对应的随机过程称为平稳随机过程。在实际使用过程中，常用的检验一个时间序列是否为平稳时间序列的方法包括时间路径图检验、自相关函数检验、DF检验（Dickey-Fuller test）和ADF（Augment Dickey-Fuller test）检验等4种。图7-3为一个平稳时间序列。

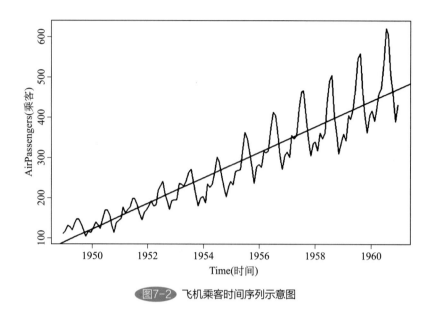

图7-2 飞机乘客时间序列示意图

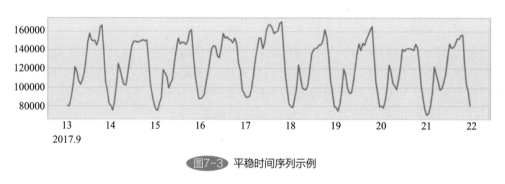

图7-3 平稳时间序列示例

图7-4则展示了一个非平稳时间序列。

时间序列如果没有平稳性,我们就无法构建一个时间序列模型,所以在实际应用中,如果一个时间序列不满足平稳性要求,则首先需要通过各种方法,如差分、趋势消除等,把原始非平稳时间序列转换为平稳时间序列,然后再构建各种时间序列分析的模型。

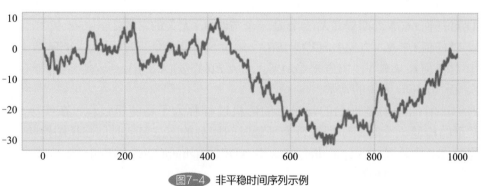

图7-4 非平稳时间序列示例

7.2 时间序列模型算法简介

与以前讲述的决策树、神经网络等模型不同，在时间序列模型中，时间序列数据本身既是输入数据（特征变量），也是输出数据（目标变量）。一个时间序列模型的构建不需要独立的目标变量数据作为模型训练的输入；在进行评分应用时，也不需要额外的新数据作为预测的输入向量，而是根据构建模型时的原始数据集进行预测；我们甚至在进行评分应用（预测）时还可以添加新的数据，这些新数据会自动融入趋势预测的过程中。时间序列模型的这些特点非常类似于高斯过程模型，关于高斯过程模型的有关内容，请读者参阅本书的上册《数据挖掘与机器学习：PMML建模（上）》中第8章"高斯过程模型GaussianProcessModel"的相关内容。

在图7-5中，以红色、黄色、紫色和蓝色线表示某种产品在4个不同地区的销售额。每个地区的销售额曲线都包含两个部分：

① 历史数据显示在垂直线的左侧，表示历史观测值，用于模型的创建；
② 预测数据显示在垂直线的右侧，表示利用模型进行预测的销售额。

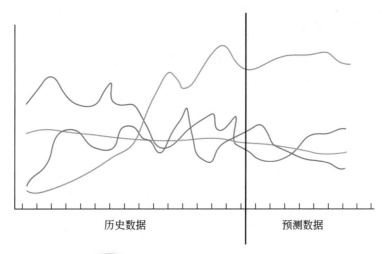

图7-5 时间序列利用历史数据本身进行预测

与其他预测模型不同的是，在构建时间序列模型时，并不需要独立的目标变量，这一点也决定了构建时间序列模型时需要特定的训练数据格式。时间序列的训练样本数据中，需要符合以下要求：

① 一个时间主键列：训练数据必须包含一个作为样本唯一标识的时间主键列，可以为数字或日期（时间）类型。注意：样本唯一标识一般不支持联合主键，即不支持由两个或多个字段组成，如具有"Year"（年）和"Month"（月）两列。

② 至少一个需要预测的目标列：训练数据必须包含一个需要预测的目标列，如产品销售收入、股票价格等。此列必须为连续型变量，不能为分类型或定序型变量，如学历水平、民族类别等。

表 7-1 为一个时间序列数据的例子。

表7-1 时间序列示例（片段）

TimeID	ProductSale（销售额）	ProductVolume（销售量）
2019.01	900	500
2019.02	1000	530
2019.03	1080	600
2019.04	1126	680

在表7-1中，TimeID为时间标识（标识年月），同时它也唯一标识了一个样本。ProductSale(销售额)和ProductVolume（销售量）是作为预测的目标列出现的。实际上TimeID列也可以为类似序号的1、2、3…等自增序列值，只要它能够唯一标识一个样本即可。

7.2.1 算法概述

对时间序列数据的分析有多种处理方式，可以从组成成分的分解角度考虑，也可以从自回归等角度出发。下面我们简要介绍几种模型。

（1）时间序列分解模型

前面讲过，时间序列 X_t 可以看作是长期趋势T、周期性C、季节性变化S、不规则变化I等4个组成成分的函数，即：

$$X_t=f(T,C,S,I)$$

根据4种成分与预测值的关系，常用的模型有加法模型、乘法模型和混合模型3类。

① 加法模型：$X_t=T_t+C_t+S_t+I_t$。适合4种变动成分互相独立的情况，即预测结果是4种成分直接叠加而成。

② 乘法模型：$X_t=T_t \times C_t \times S_t \times I_t$。适合4种变动成分互相影响的情况，即预测结果是4种成分相互综合的结果。

③ 混合模型，是上述两种模型的组合，它有多种形式，如：

$$X_t=T_t+C_t+S_t \times I_t$$
$$X_t=T_t+C_t \times S_t \times I_t$$

等等。

原始时间序列值和长期趋势T可用绝对数表示，周期性C、季节变动S、不规则变动I可用相对数（变动百分比）表示。

（2）谱分析法

谱分析法（Spectral Analysis）是把时间序列分解成几个基本成分（称为谱），把它们看作是由不同频率的正弦波和余弦波分量的叠加，通过研究和比较各分量的周期变化，充分揭示时间序列的频域结构，掌握其主要波动特征。谱分析是通过对时间序列剔除趋势和季节因素后的循环项（平稳）进行谱估计，根据估计出的谱密度函数找出时间序列中的主要频率分量，从而把握该序列的周期性波动特征。

（3）自回归移动平均模型 ARIMA

自回归移动平均模型 ARIMA（Auto Regressive Integrated Moving Average Model）通过对历史数据的探索和分析，找出数据变动模型（移动平均值、周期成分），从而实现对未来的预测。

ARIMA 模型是由三个参数确定的：AR(p)（Auto Regressive）为自回归过程中某个时期的值依赖于过去的 p 个时期的取值，比如 AR(5) 或者 ARIMA(5,0,0) 就表示当前时期的取值依赖于过去的 5 个时期的取值；d 表示差分 I(d) 的阶，其主要作用是将不平稳的序列平稳化；MA(q)（Moving Average）表示模型的误差是之前误差的组合，其中阶数 q 表示当前的误差依赖于之前 q 个误差。这三个参数的组合使得 ARIMA 模型不具有季节性，可以写成线性方程。

ARIMA 模型起源于 20 世纪 60 年代。1976 年，Box 和 Jenkins 对该模型进行了系统的研究和阐述，所以该模型有时也称为 Box-Jenkins 模型。

（4）STL 分解法

STL 分解法（Seasonal and Trend decomposition using Loess）是一个非常稳健的分解时间序列的方法，其中 Loess 是一种估算非线性关系的方法。STL 分解法由 Cleveland 等人于 1990 年提出。

Loess(locally estimated scatterplot smoother) 为局部多项式回归拟合，是对两维散点图进行平滑的常用方法，它结合了传统线性回归的简洁性和非线性回归的灵活性。

（5）指数平滑算法

指数平滑算法（Exponential smoothing model）是由 Robert G.Brown 提出的，他认为时间序列的发展变化具有稳定性或规则性，所以时间序列可以被合理地顺势推延。指数平滑法是生产预测中常用的一种方法，常用于中短期经济发展趋势预测。

本书是基于 PMML V4.3 规范进行讲述的，在这个版本中只实现了指数平滑算法。所以本书也将只对这个算法进行较为详细的描述。

7.2.2 指数平滑算法

指数平滑算法是一种重要的时间序列预测方法，起源于布朗（Robert G. Brown）在第二次世界大战期间作为分析师为美国海军开展的分析工作（1944 年）。当时他开发了一个为潜艇火控设备跟踪目标速度和位置的模型，这个跟踪模型本质上就是一个简单的连续数据的指数平滑模型。在 20 世纪 50 年代早期，布朗继续将简单指数平滑扩展到离散数据，并开发了基于长期趋势和季节性变化的指数平滑方法。

指数平滑算法的原理是将历史数据进行加权平均作为未来时刻的预测结果。时间越近的数据，权重越大，随着时间的远离，其数据权重逐渐收敛为零。由于权重分配符合指数规律，同时又具有对数据进行指数平滑的功能，故称为指数平滑算法。

在进行平滑预测过程中，首先对原始历史数据进行预处理，消除数据中随机性的变化影响，提升数据中近期数据在预测中的重要程度，处理后的数据称为"平滑值"，再根据平滑值经过计算构成预测模型，通过该模型预测未来的目标值。

注意，指数平滑法与移动平均法（如股票软件中常用的5日均线MA5、10日均线MA10等）不同：指数平滑法考虑了所有的历史数据，只是随着时间的远离，权重以指数级逐渐减小。指数平滑法的基本公式如下：

$$S_t = \alpha y_{t-1} + (1-\alpha) S_{t-1}$$

式中，S 为平滑值，α 为平滑系数，y 为实际观测值。

表7-2包含了基本的指数平滑方程，表中对于每种趋势（Trend）、每种季节性（Seasonality）都有两种方程：第一种是递归形式（recurrence form），第二种是误差校正形式（error-correction form）。相对来说，误差校正形式简单，并且也能够给出等价的预测。各方程中的参数含义见表7-3。

表7-2 基本的指数平滑方程

趋势（Trend） \ 季节性（Seasonality）	无季节性 (None)	加法模型 (Additive)	乘法模型 (Multiplicative)
无趋势 (None)	$S_t = \alpha X_t + (1-\alpha) S_{t-1}$ $\hat{X}_t(m) = S_t$	$S_t = \alpha(X_t - I_{t-p}) + (1-\alpha) S_{t-1}$ $I_t = \delta(X_t - S_t) + (1-\delta) I_{t-p}$ $\hat{X}_t(m) = S_t + I_{t-p+m}$	$S_t = \alpha \left(X_t / I_{t-p} \right) + (1-\alpha) S_{t-1}$ $I_t = \delta \left(X_t / S_t \right) + (1-\delta) I_{t-p}$ $\hat{X}_t(m) = S_t \times I_{t-p+m}$
	$S_t = S_{t-1} + \alpha e_t$ $\hat{X}_t(m) = S_t$	$S_t = S_{t-1} + \alpha e_t$ $I_t = I_{t-p} + \delta(1-\alpha) e_t$ $\hat{X}_t(m) = S_t + I_{t-p+m}$	$S_t = S_{t-1} + \alpha e_t / I_{t-p}$ $I_t = I_{t-p} + \delta(1-\alpha) e_t / S_t$ $\hat{X}_t(m) = S_t \times I_{t-p+m}$
加法模型 (Additive)	$S_t = \alpha X_t + (1-\alpha)(S_{t-1} + T_{t-1})$ $T_t = \gamma(S_t - S_{t-1}) + (1-\gamma) T_{t-1}$ $\hat{X}_t(m) = S_t + m T_t$	$S_t = \alpha(X_t - I_{t-p}) + (1-\alpha)(S_{t-1} + T_{t-1})$ $T_t = \gamma(S_t - S_{t-1}) + (1-\gamma) T_{t-1}$ $I_t = \delta(X_t - S_t) + (1-\delta) I_{t-p}$ $\hat{X}_t(m) = S_t + m T_t + I_{t-p+m}$	$S_t = \alpha \left(X_t / I_{t-p} \right) + (1-\alpha)(S_{t-1} + T_{t-1})$ $T_t = \gamma(S_t - S_{t-1}) + (1-\gamma) T_{t-1}$ $I_t = \delta \left(X_t / S_t \right) + (1-\delta) I_{t-p}$ $\hat{X}_t(m) = (S_t + m T_t) \times I_{t-p+m}$
	$S_t = S_{t-1} + T_{t-1} + \alpha e_t$ $T_t = T_{t-1} + \alpha \gamma e_t$ $\hat{X}_t(m) = S_t + m T_t$	$S_t = S_{t-1} + T_{t-1} + \alpha e_t$ $T_t = T_{t-1} + \alpha \gamma e_t$ $I_t = I_{t-p} + \delta(1-\alpha) e_t$ $\hat{X}_t(m) = S_t + m T_t + I_{t-p+m}$	$S_t = S_{t-1} + T_{t-1} + \alpha e_t / I_{t-p}$ $T_t = T_{t-1} + \alpha \gamma e_t / T_{t-p}$ $I_t = I_{t-p} + \delta(1-\alpha) e_t / S_t$ $\hat{X}_t(m) = (S_t + m T_t) \times I_{t-p+m}$

续表

趋势（Trend） \ 季节性(Seasonality)	无季节性(None)	加法模型(Additive)	乘法模型(Multiplicative)
阻尼加法模型(Damped Additive)	$S_t=\alpha X_t+(1-\alpha)(S_{t-1}+\varphi T_{t-1})$ $T_t=\gamma(S_t-S_{t-1})+(1-\gamma)\varphi T_{t-1}$ $\hat{X}_t(m)=S_t+\sum_{i=1}^{m}\varphi^i T_t$	$S_t=\alpha(X_t-I_{t-p})+(1-\alpha)(S_{t-1}+\varphi T_{t-1})$ $T_t=\gamma(S_t-S_{t-1})+(1-\gamma)\varphi T_{t-1}$ $I_t=\delta(X_t-S_t)+(1-\delta)I_{t-p}$ $\hat{X}_t(m)=S_t+\sum_{i=1}^{m}\varphi^i T_t+I_{t-p+m}$	$S_t=\alpha\left(X_t/I_{t-p}\right)+(1-\alpha)(S_{t-1}+\varphi T_{t-1})$ $T_t=\gamma(S_t-S_{t-1})+(1-\gamma)\varphi T_{t-1}$ $I_t=\delta\left(X_t/S_t\right)+(1-\delta)I_{t-p}$ $\hat{X}_t(m)=\left(S_t+\sum_{i=1}^{m}\varphi^i T_t\right)\times I_{t-p+m}$
	$S_t=S_{t-1}+\varphi T_{t-1}+\alpha e_t$ $T_t=T_{t-1}+\alpha\gamma e_t$ $\hat{X}_t(m)=S_t+\sum_{i=1}^{m}\varphi^i T_t$	$S_t=S_{t-1}+\varphi T_{t-1}+\alpha e_t$ $T_t=\varphi T_{t-1}+\alpha\gamma e_t$ $I_t=I_{t-p}+\delta(1-\alpha)e_t$ $\hat{X}_t(m)=S_t+\sum_{i=1}^{m}\varphi^i T_t+I_{t-p+m}$	$S_t=S_{t-1}+\varphi T_{t-1}+\alpha e_t/I_{t-p}$ $T_t=\varphi T_{t-1}+\alpha\gamma e_t/T_{t-p}$ $I_t=I_{t-p}+\delta(1-\alpha)e_t/S_t$ $\hat{X}_t(m)=\left(S_t+\sum_{i=1}^{m}\varphi^i T_t\right)\times I_{t-p+m}$
乘法模型(Multiplicative)	$S_t=\alpha X_t+(1-\alpha)(S_{t-1}\times R_{t-1})$ $R_t=\gamma\left(S_t/S_{t-1}\right)+(1-\gamma)R_{t-1}$ $\hat{X}_t(m)=S_t\times R_t^m$	$S_t=\alpha(X_t-I_{t-p})+(1-\alpha)(S_{t-1}\times R_{t-1})$ $R_t=\gamma\left(S_t/S_{t-1}\right)+(1-\gamma)R_{t-1}$ $I_t=\delta(X_t-S_t)+(1-\delta)I_{t-p}$ $\hat{X}_t(m)=S_t\times R_t^m+I_{t-p+m}$	$S_t=\alpha\left(X_t/I_{t-p}\right)+(1-\alpha)(S_{t-1}\times R_{t-1})$ $R_t=\gamma\left(S_t/S_{t-1}\right)+(1-\gamma)R_{t-1}$ $I_t=\delta\left(X_t/S_t\right)+(1-\delta)I_{t-p}$ $\hat{X}_t(m)=(S_t\times R_t^m)\times I_{t-p+m}$
	$S_t=S_{t-1}\times R_{t-1}+\alpha e_t$ $R_t=R_{t-1}+\alpha\gamma e_t/S_{t-1}$ $\hat{X}_t(m)=S_t\times R_t^m$	$S_t=S_{t-1}\times R_{t-1}+\alpha e_t$ $R_t=R_{t-1}+\alpha\gamma e_t/S_{t-1}$ $I_t=I_{t-p}+\delta(1-\alpha)e_t$ $\hat{X}_t(m)=S_t\times R_t^m+I_{t-p+m}$	$S_t=S_{t-1}\times R_{t-1}+\alpha e_t/I_{t-p}$ $R_t=R_{t-1}+(\alpha\gamma e_t/S_{t-1})/I_{t-p}$ $I_t=I_{t-p}+\delta(1-\alpha)e_t/S_t$ $\hat{X}_t(m)=(S_t\times R_t^m)\times I_{t-p+m}$
阻尼乘法模型(Damped Multiplicative)	$S_t=\alpha X_t+(1-\alpha)(S_{t-1}\times R_{t-1}^\varphi)$ $R_t=\gamma\left(S_t/S_{t-1}\right)+(1-\gamma)R_{t-1}^\varphi$ $\hat{X}_t(m)=S_t\times R_t^{\sum_{i=1}^{m}\varphi^i}$	$S_t=\alpha(X_t-I_{t-p})+(1-\alpha)(S_{t-1}\times R_{t-1}^\varphi)$ $R_t=\gamma\left(S_t/S_{t-1}\right)+(1-\gamma)R_{t-1}^\varphi$ $I_t=\delta(X_t-S_t)+(1-\delta)I_{t-p}$ $\hat{X}_t(m)=S_t\times R_t^{\sum_{i=1}^{m}\varphi^i}+I_{t-p+m}$	$S_t=\alpha\left(X_t/I_{t-p}\right)+(1-\alpha)(S_{t-1}\times R_{t-1}^\varphi)$ $R_t=\gamma\left(S_t/S_{t-1}\right)+(1-\gamma)R_{t-1}^\varphi$ $I_t=\delta\left(X_t/S_t\right)+(1-\delta)I_{t-1}$ $\hat{X}_t(m)=(S_t\times R_t^{\sum_{i=1}^{m}\varphi^i})\times I_{t-p+m}$
	$S_t=S_{t-1}\times R_{t-1}^\varphi+\alpha e_t$ $R_t=R_{t-1}^\varphi+\alpha\gamma e_t/S_{t-1}$ $\hat{X}_t(m)=S_t\times R_t^{\sum_{i=1}^{m}\varphi^i}$	$S_t=S_{t-1}\times R_{t-1}^\varphi+\alpha e_t$ $R_t=R_{t-1}^\varphi+\alpha\gamma e_t/S_{t-1}$ $I_t=I_{t-p}+\delta(1-\alpha)e_t$ $\hat{X}_t(m)=S_t\times R_t^{\sum_{i=1}^{m}\varphi^i}+I_{t-p+m}$	$S_t=S_{t-1}\times R_{t-1}^\varphi+\alpha e_t/I_{t-p}$ $R_t=R_{t-1}^\varphi+(\alpha\gamma e_t/S_{t-1})/I_{t-p}$ $I_t=I_{t-p}+\delta(1-\alpha)e_t/S_t$ $\hat{X}_t(m)=(S_t\times R_t^{\sum_{i=1}^{m}\varphi^i})\times I_{t-p+m}$

布朗多项式平滑算法：$\hat{X}_t(m)=a_0+a_1m+\frac{1}{2}a_2m^2+\cdots+\frac{1}{n!}a_n m^n$

表7-3　表7-2中方程中的参数含义

符号	含义
α	当前水平（观测值）的平滑系数
γ	趋势平滑系数
δ	季节指数平滑系数
φ	自回归系数，或阻尼参数
S_t	已知观测值X_t后，计算的平滑预测值
T_t	加法模型中，在时期t后的趋势平滑预测值
R_t	乘法模型中，在时期t后的趋势平滑预测值
I_t	加法或乘法模型中，在时期t后的平滑季节指数
X_t	时期t的观测值
m	未来预测的时期数
p	一个季节周期包含的时期数量
$\hat{X}_t(m)$	以t为起始点，第m个时期时的预测值
e_t	下一个时期的预测误差，$e_t = X_t - \hat{X}_{t-1}$。可用$e_t(m)$表示其他时期的误差
$\alpha_0, \alpha_1, \alpha_2, \cdots, \alpha_n$	布朗多项式平滑方程的平滑系数

注：季节指数是一种以相对数表示的季节变动衡量指标。

7.3　时间序列模型元素

在PMML规范中，使用元素TimeSeriesModel来标记时间序列模型。一个时间序列模型除了包含所有模型通用的模型属性以及子元素MiningSchema、Output、ModelStats、LocalTransformations和ModelVerification等共性部分外，还包括时间序列模型特有的属性和子元素。各种模型共性的内容请参见笔者的另一本书《PMML建模标准语言基础》，这里将主要介绍时间序列模型特有的部分。

时间序列模型元素TimeSeriesModel包含了至少一种时间序列算法的结果，例如谱分析算法（SpectralAnalysis）、ARIMA、指数平滑（ExponentialSmoothing）或者STL分解算法（SeasonalTrendDecomposition）等。以下几点是时间序列模型特有的内容：

① 时间序列数据子元素TimeSeries。
② 谱分析模型子元素SpectralAnalysis。
③ 自回归移动平均模型子元素ARIMA。
④ 指数平滑算法子元素ExponentialSmoothing。

⑤ STL 分解模型子元素 SeasonalTrendDecomposition。
⑥ 最佳拟合模型属性 bestFit。

时间序列模型中必须包含总体趋势的信息、周期性行为的描述信息以及用于预测或插值使用的总体拟合函数，还可能包含关于时间序列数据的各个方面和预期预测精度的详细信息。

在 PMML 规范中，时间序列模型由元素 TimeSeriesModel 表达，其在 PMML 规范中的定义如下：

```
1. <xs:element name="TimeSeriesModel">
2.   <xs:complexType>
3.     <xs:sequence>
4.       <xs:element ref="Extension" minOccurs="0" maxOccurs="unbounded"/>
5.       <xs:element ref="MiningSchema"/>
6.       <xs:element ref="Output" minOccurs="0"/>
7.       <xs:element ref="ModelStats" minOccurs="0"/>
8.       <xs:element ref="ModelExplanation" minOccurs="0"/>
9.       <xs:element ref="LocalTransformations" minOccurs="0"/>
10.      <xs:element ref="TimeSeries" minOccurs="0" maxOccurs="3"/>
11.      <xs:element ref="SpectralAnalysis" minOccurs="0" maxOccurs="1"/>
12.      <xs:element ref="ARIMA" minOccurs="0" maxOccurs="1"/>
13.      <xs:element ref="ExponentialSmoothing" minOccurs="0" maxOccurs="1"/>
14.      <xs:element ref="SeasonalTrendDecomposition" minOccurs="0" maxOccurs="1"/>
15.      <xs:element ref="ModelVerification" minOccurs="0"/>
16.      <xs:element ref="Extension" minOccurs="0" maxOccurs="unbounded"/>
17.    </xs:sequence>
18.    <xs:attribute name="modelName" type="xs:string" use="optional"/>
19.    <xs:attribute name="functionName" type="MINING-FUNCTION" use="required"/>
20.    <xs:attribute name="algorithmName" type="xs:string" use="optional"/>
21.    <xs:attribute name="bestFit" type="TIMESERIES-ALGORITHM" use="required"/>
22.    <xs:attribute name="isScorable" type="xs:boolean" default="true"/>
23.  </xs:complexType>
24. </xs:element>
```

7.3.1 模型属性

任何一个模型都可以包含 modelName、functionName、algorithmName 和 isScorable 4 个属性，其中属性 functionName 是必选的，其他三个属性是可选的。它们具体的含义请参考第一章神经网络模型的相应部分，此处不再赘述。

对于时间序列模型来说，属性 functionName 只可取"timeSeries"。

时间序列模型除了具有上面几个所有模型共有的属性外，还有一个最佳拟合模型属性 bestFit，为必选属性，此属性指定了哪一种最佳拟合模型才能够输出模型文档所列示的结果，这个模型用于评分应用中，其类型为 TIMESERIES-ALGORITHM（实际上是一种字符串类型），它包含了目标版本时间序列模型所能支持的种类，包括 ARIMA（自回归移动平均模型）、ExponentialSmoothing（指数平滑法）、SeasonalTrendDecomposition（STL 分解法）、SpectralAnalysis（谱分析法）4 种。其定义如下：

```
1.<xs:simpleType name="TIMESERIES-ALGORITHM">
2.    <xs:restriction base="xs:string">
3.        <xs:enumeration value="ARIMA"/>
4.        <xs:enumeration value="ExponentialSmoothing"/>
5.        <xs:enumeration value="SeasonalTrendDecomposition"/>
6.        <xs:enumeration value="SpectralAnalysis"/>
7.    </xs:restriction>
8.</xs:simpleType>
```

注意：在目前版本中（PMML V4.3），只实现了指数平滑算法（ExponentialSmoothing），其它 3 种是计划下一版本中实现的算法。

7.3.2 模型子元素

由时间序列模型元素 TimeSeriesModel 的定义可知，它包含了 5 个特有的子元素，其中谱分析模型子元素 SpectralAnalysis、自回归移动平均模型子元素 ARIMA 和 STL 分解模型子元素 SeasonalTrendDecomposition 代表了 3 种未来版本将要实现的算法，在本版本（PMML V4.3）中只是作为占位符出现，并没有具体实现。

这 3 个子元素在 PMML 规范中的定义如下：

```
1.<xs:element name="SpectralAnalysis">
2.</xs:element>
3.
4.<xs:element name="ARIMA">
5.</xs:element>
6.
7.<xs:element name="SeasonalTrendDecomposition">
8.</xs:element>
```

其中子元素 SpectralAnalysis 定义傅里叶频谱分析；子元素 ARIMA 定义自回归移动平均模型 ARIMA(p,d,q)；子元素 SeasonalTrendDecomposition 定义季节性趋势分解模型 STL（Seasonal Trend Decomposition using Loess），它是一个包含了一个或多个代表不同趋势的拟合函数，也可以包含季节性振荡的信息。

这里不对以上3个子元素进行深入的讲述，而重点讲述时间序列数据子元素 TimeSeries 和指数平滑算法子元素 ExponentialSmoothing。

7.3.2.1 时间序列数据元素 TimeSeries

在一个时间序列模型 TimeSeriesModel 中，最多可以包含3个时间序列数据子元素 TimeSeries，既可以包含从输入中读取的原始数据，也可以代表一个预处理后或插值后的时间序列数据。

在 PMML 规范中，其定义如下：

```
1. <xs:element name="TimeSeries">
2.   <xs:complexType>
3.     <xs:sequence>
4.       <xs:element ref="TimeAnchor" minOccurs="0" maxOccurs="1"/>
5.       <xs:element ref="TimeValue" minOccurs="0" maxOccurs="unbounded"/>
6.     </xs:sequence>
7.     <xs:attribute name="usage" type="TIMESERIES-USAGE" default="original"/>
8.     <xs:attribute name="startTime" type="REAL-NUMBER"/>
9.     <xs:attribute name="endTime" type="REAL-NUMBER"/>
10.    <xs:attribute name="interpolationMethod" type="INTERPOLATION-METHOD" default="none"/>
11.  </xs:complexType>
12. </xs:element>
13.
14. <xs:simpleType name="TIMESERIES-USAGE">
15.   <xs:restriction base="xs:string">
16.     <xs:enumeration value="original"/>
17.     <xs:enumeration value="logical"/>
18.     <xs:enumeration value="prediction"/>
19.   </xs:restriction>
20. </xs:simpleType>
21.
22. <xs:element name="TimeValue">
23.   <xs:complexType>
24.     <xs:sequence>
25.       <xs:element ref="Timestamp" minOccurs="0" maxOccurs="1"/>
26.     </xs:sequence>
27.     <xs:attribute name="index" type="INT-NUMBER" use="optional"/>
28.     <xs:attribute name="time" type="NUMBER" use="optional"/>
29.     <xs:attribute name="value" type="REAL-NUMBER" use="required"/>
```

```xml
30.     <xs:attribute name="standardError" type="REAL-NUMBER" use="optional"/>
31.   </xs:complexType>
32. </xs:element>
33.
34. <xs:element name="TimeAnchor">
35.   <xs:complexType>
36.     <xs:sequence>
37.       <xs:element ref="TimeCycle" minOccurs="0" maxOccurs="unbounded"/>
38.       <xs:element ref="TimeException" minOccurs="0" maxOccurs="2"/>
39.     </xs:sequence>
40.     <xs:attribute name="type" type="TIME-ANCHOR"/>
41.     <xs:attribute name="offset" type="INT-NUMBER"/>
42.     <xs:attribute name="stepsize" type="INT-NUMBER"/>
43.     <xs:attribute name="displayName" use="optional"/>
44.   </xs:complexType>
45. </xs:element>
46.
47. <xs:element name="TimeCycle">
48.   <xs:complexType>
49.     <xs:sequence>
50.       <xs:group ref="INT-ARRAY" minOccurs="0" maxOccurs="1"/>
51.     </xs:sequence>
52.     <xs:attribute name="length" type="INT-NUMBER"/>
53.     <xs:attribute name="type" type="VALID-TIME-SPEC"/>
54.     <xs:attribute name="displayName" use="optional"/>
55.   </xs:complexType>
56. </xs:element>
57.
58. <xs:simpleType name="TIME-ANCHOR">
59.   <xs:restriction base="xs:string">
60.     <xs:enumeration value="dateTimeMillisecondsSince[0]"/>
61.     <xs:enumeration value="dateTimeMillisecondsSince[1960]"/>
62.     <xs:enumeration value="dateTimeMillisecondsSince[1970]"/>
63.     <xs:enumeration value="dateTimeMillisecondsSince[1980]"/>
64.     <xs:enumeration value="dateTimeSecondsSince[0]"/>
65.     <xs:enumeration value="dateTimeSecondsSince[1960]"/>
66.     <xs:enumeration value="dateTimeSecondsSince[1970]"/>
```

```xml
67.      <xs:enumeration value="dateTimeSecondsSince[1980]"/>
68.      <xs:enumeration value="dateDaysSince[0]"/>
69.      <xs:enumeration value="dateDaysSince[1960]"/>
70.      <xs:enumeration value="dateDaysSince[1970]"/>
71.      <xs:enumeration value="dateDaysSince[1980]"/>
72.      <xs:enumeration value="dateMonthsSince[0]"/>
73.      <xs:enumeration value="dateMonthsSince[1960]"/>
74.      <xs:enumeration value="dateMonthsSince[1970]"/>
75.      <xs:enumeration value="dateMonthsSince[1980]"/>
76.      <xs:enumeration value="dateYearsSince[0]"/>
77.    </xs:restriction>
78.</xs:simpleType>
79.
80.<xs:simpleType name="VALID-TIME-SPEC">
81.    <xs:restriction base="xs:string">
82.      <xs:enumeration value="includeAll"/>
83.      <xs:enumeration value="includeFromTo"/>
84.      <xs:enumeration value="excludeFromTo"/>
85.      <xs:enumeration value="includeSet"/>
86.      <xs:enumeration value="excludeSet"/>
87.    </xs:restriction>
88.</xs:simpleType>
89.
90.<xs:element name="TimeException">
91.    <xs:complexType>
92.      <xs:sequence>
93.        <xs:group ref="INT-ARRAY" minOccurs="1"/>
94.      </xs:sequence>
95.      <xs:attribute name="type" type="TIME-EXCEPTION-TYPE"/>
96.      <xs:attribute name="count" type="INT-NUMBER"/>
97.    </xs:complexType>
98.</xs:element>
99.
100.<xs:simpleType name="TIME-EXCEPTION-TYPE">
101.    <xs:restriction base="xs:string">
102.      <xs:enumeration value="exclude"/>
103.      <xs:enumeration value="include"/>
104.    </xs:restriction>
```

```
105.</xs:simpleType>
106.
107.<xs:simpleType name="INTERPOLATION-METHOD">
108.    <xs:restriction base="xs:string">
109.        <xs:enumeration value="none"/>
110.        <xs:enumeration value="linear"/>
111.        <xs:enumeration value="exponentialSpline"/>
112.        <xs:enumeration value="cubicSpline"/>
113.    </xs:restriction>
114.</xs:simpleType>
```

从上面的定义可以看出，时间序列数据元素 TimeSeries 可以包含时间锚子元素 TimeAnchor 和时间数据值子元素 TimeValue。除此之外，它还有 usage、startTime、endTime、interpolationMethod 等 4 个属性，各个属性的含义如下。

● 用途属性 usage：可选属性，默认值为 original。这是一个类型为 TIMESERIES-USAGE 的值，指明了时间序列数据元素 TimeSeries 包含的序列数据的用途。类型 TIMESERIES-USAGE 实际上是一个字符串枚举类型，其取值范围和意义如下：

➢ original：时间序列数据为原始输入数据。此时插值方法属性 interpolationMethod 应置为"none"。

➢ logical：时间序列数据为预处理后或插值后的数据。为了生成一个逻辑时间序列数据，通常需要进行预处理和插值计算，因为大多数时间序列算法需要一个逻辑上等距的时间序列数据作为输入。

➢ prediction：时间序列数据为经过模型预测后的数据。模型由其父元素 TimeSeriesModel 的最佳拟合模型属性 bestFit 指定。

● 开始时间属性 startTime 和结束时间属性 endTime：均为可选属性。这两个属性界定了用来进行拟合的数据点，它们可以是逻辑时间序列中的整数索引值，也可以是原始序列数据中时间点（以实数表示）。

● 插值方法属性 interpolationMethod：可选属性，默认值为 none。这是一个类型为 INTERPOLATION-METHOD 的值，指明在已知数据点之间进行插值计算时所用的插值方法。其取值范围和意义如下：

➢ none：无需做插值计算。
➢ linear：线性插值计算。
➢ exponentialSpline：指数样条插值。
➢ cubicSpline：三次样条插值。

除了以上几个属性之外，元素 TimeSeries 还具有两个子元素：时间锚定子元素 TimeAnchor 和时间数据值子元素 TimeValue。

（1）时间锚定元素TimeAnchor

可以使用时间锚定元素TimeAnchor定义时间序列数据中数据对应的时间点与日历时间点之间的映射关系，虽然在实际评分应用时并不需要这种映射转换，但是可以应用在其它应用程序或可视化工具中。这些应用程序或可视化工具根据映射关系计算并显示友好的、便于用户阅读的日历时间，例如，"hour"（小时）。

在这种映射关系中，起始时间点是借助一个由属性type指定的日历时间点，以及一个由时间偏移属性offset指定的时间偏移值来实现的；而属性stepsize则定义了时间变化的最小步长。属性offset和stepsize的时间单位由属性type指定。另外，元素TimeAnchor还有一个可选的显示名称属性displayName，例如"日"或"天"，甚至为"Day"，作为时间步长的名称。

● 时间类型属性type：可选属性。这是一个类型为TIME-ANCHOR的枚举值，指定了元素TimeAnchor所需要的日历时间点。其取值范围包括dateTimeMillisecondsSince[0]、dateTimeMillisecondsSince[1960]等17种，详情请看上面TIME-ANCHOR的定义。关于dateTimeMillisecondsSince、dateTimeSecondsSince等时间类型的定义，请参阅笔者的另一本书《PMML建模标准语言基础》中的相关内容，这里不再赘述。

● 时间偏移属性offset：可选属性。设置一个基于属性type指定的基期时间（起始时间）的偏移量，单位由属性type值指定。

● 时间变化步长属性stepsize：可选属性。指定时间序列数据按照时间变化的最小步长。

● 时间显示名称属性displayName：可选属性。面向最终用户的可选的时间步长的名称。

除了offset、stepsize等几个属性外，元素TimeAnchor还可以包括TimeCycle和TimeException两个子元素。

① 时间周期元素TimeCycle。我们先举个例子，一个超市营业时间为星期一至星期六（周日休息），每天上午7:00点开门，下午9:00关门。在分析和预测超市每小时的收入时，我们会以小时为时间序列数据的步长，同时也会希望把非营业时间排除在计算之外，即不考虑星期天和营业日每天上午7点之前、下午9点之后的时间。例如，希望本周星期一上午8点的收入（上午7点到上午8点）紧接在上一周星期六下午9点的收入数据之后。在PMML规范中，元素TimeCycle就是用来实现这个功能的。

每一个时间周期元素TimeCycle会把上一个TimeCycle（或TimeAnchor）定义的时间步长序列重新定义成等长度的周期（步长），每个新周期（新步长）包含固定数量的上一个步长，这个数量由其属性length指定。这些新步长的索引值从0开始，最大值为length-1。

属性type指定是按照间隔还是枚举、或者包含还是排除来定义，其数组子元素Array提供了间隔边界或者各个枚举值。以下是上述超市营业时间（小时）的代码：

```
1.<TimeAnchor type="dateTimeSecondsSince[1960]" offset="1530543600" stepsize="3600" displayName="hour">
2.    <TimeCycle length="24" type="includeFromTo" displayName="day">
3.        <Array type="int" n="2">7 20</Array>
4.    </TimeCycle>
5.    <TimeCycle length="7" type="excludeSet" displayName="week">
6.        <Array type="int" n="1">6</Array>
7.    </TimeCycle>
8.</TimeAnchor>
```

根据上面的代码，一年中第30周的第6天（星期六）的第15个小时可以表示为<29,5, 14>。因为TimeAnchor的属性type和offset设置了1960年1月1日0时0分0秒0毫秒开始后的1530543600秒开始计时。

现在回头看一下时间周期元素TimeCycle的各个属性的含义：

● 步长数量属性length：可选属性。此属性设置新的周期（步长）包含了多少个上一个TimeCycle（或TimeAnchor）定义的步长单位。

● 类型属性type：可选属性。指定元素TimeCycle定义方式，这是一个类型为VALID-TIME-SPEC的枚举值。每个值的具体含义如下：

➢ includeAll：包含数组子元素Array中的所有元素。
➢ includeFromTo：包含数组子元素Array中两个元素指定索引间的时间周期。
➢ excludeFromTo：排除数组子元素Array中两个元素指定索引间的时间周期。
➢ includeSet：包含数组子元素Array中元素指定索引的时间周期。
➢ excludeSet：排除数组子元素Array中元素指定索引的时间周期。

● 显示名称属性displayName：可选属性。面向最终用户的可选的时间步长的名称。

② 时间异常元素TimeException。时间周期元素TimeCycle定义了常规的时间信息，但是总是有意外的情况出现。比如，上面的超市在10月1号可能会关闭（国庆节，即使当天不是星期日），也有可能由于某种特殊原因，在某个星期天正常营业。这种需求可以通过定义时间异常子元素TimeException来实现。

元素TimeException包含一个数组序列（即可以包含多个数组子元素），两个属性（异常类型属性type和count），其中数组子元素的含义由属性type确定。我们这里介绍一下这两个属性。

● 异常类型属性type：可选属性。这是一个类型为TIME-EXCEPTION-TYPE的枚举值，每个值的具体含义如下：

➢ exclude：排除数组子元素Array中元素指定索引的时间周期。
➢ include：包含数组子元素Array中元素指定索引的时间周期。

- 异常时间点数量 count：可选属性。指定数组子元素的数量。

元素 TimeException 的数组子元素包含了时间周期索引，其中"−1"表示正常时间周期。下面的代码例子展示了如何指定上述超市特定时间的关闭或营业时间。

```
1.<TimeExceptions type="exclude" count="2">
2.    <!-- 第5周的第6天第8个小时关闭超市 -->
3.    <Array type="int">4 5 7</Array>
4.    <!-- 第33周的第1天一整天关闭 -->
5.    <Array type="int">32 0 24</Array>
6.</TimeExceptions>
7.<TimeExceptions type="include" count="2">
8.    <!-- 第一周的第7天正常营业 -->
9.    <Array type="int">0 6 -1</Array>
10.   <!-- 第34周的第6天营业到第20个小时 -->
11.   <Array type="int">33 5 19</Array>
12.</TimeExceptions>
```

注意：一个时间锚定元素 TimeAnchor 最多可以有两个时间异常子元素 TimeException。

（2）时间数据值元素 TimeValue

时间数据值元素 TimeValue 包含时间序列中的单一数据点。它可以包含一个引用时间戳子元素 Timestamp，并且具有索引属性 index、时间属性 time、数据值属性 value、标准误属性 standardError 等四个属性。

时间戳子元素可以包含一个以展示为目的字符串，这是一个可选的子元素。

元素 TimeValue 包含的数据点可以是已知的历史数据，也可以是预测的数据。如果包含的是历史数据，则数据值属性 value 是必须的，另外时间属性 time 或索引属性必须具备其中之一；如果是逻辑时间序列，则必须设置索引属性。如果元素 TimeValue 包含的是预测数据，则可选的标准误属性 standardError 可以包含基于经验确定的预测不确定性值（预测标准误差）。

7.3.2.2 指数平滑算法元素 ExponentialSmoothing

指数平滑算法元素 ExponentialSmoothing 定义了一个时间序列的指数平滑算法，它代表了表 7-2 中定义的 16 种（包括布朗多项式平滑算法）算法中的一种。

在 PMML 规范中，元素 ExponentialSmoothing 的定义如下：

```
1.<xs:element name="ExponentialSmoothing">
2.    <xs:complexType>
3.        <xs:sequence>
4.            <xs:element ref="Level" minOccurs="1" maxOccurs="1"/>
```

```xml
5.        <xs:element ref="Trend_ExpoSmooth" minOccurs="0" maxOccurs="1"/>
6.        <xs:element ref="Seasonality_ExpoSmooth" minOccurs="0" maxOccurs="1"/>
7.        <xs:element ref="TimeValue" minOccurs="0" maxOccurs="unbounded"/>
8.     </xs:sequence>
9.     <xs:attribute name="RMSE" type="REAL-NUMBER"/>
10.    <xs:attribute name="transformation" default="none">
11.      <xs:simpleType>
12.        <xs:restriction base="xs:NMTOKEN">
13.          <xs:enumeration value="none"/>
14.          <xs:enumeration value="logarithmic"/>
15.          <xs:enumeration value="squareroot"/>
16.        </xs:restriction>
17.      </xs:simpleType>
18.    </xs:attribute>
19.  </xs:complexType>
20.</xs:element>
21.
22.<xs:element name="Level">
23.  <xs:complexType>
24.    <xs:attribute name="alpha" type="REAL-NUMBER" use="optional"/>
25.    <xs:attribute name="smoothedValue" type="REAL-NUMBER"/>
26.  </xs:complexType>
27.</xs:element>
28.
29.<xs:element name="Trend_ExpoSmooth">
30.  <xs:complexType>
31.    <xs:sequence>
32.      <xs:group ref="REAL-ARRAY" minOccurs="0"/>
33.    </xs:sequence>
34.    <xs:attribute name="trend" default="additive">
35.      <xs:simpleType>
36.        <xs:restriction base="xs:NMTOKEN">
37.          <xs:enumeration value="additive"/>
38.          <xs:enumeration value="damped_additive"/>
39.          <xs:enumeration value="multiplicative"/>
```

```xml
40.            <xs:enumeration value="damped_multiplicative"/>
41.            <xs:enumeration value="polynomial_exponential"/>
42.          </xs:restriction>
43.        </xs:simpleType>
44.      </xs:attribute>
45.      <xs:attribute name="gamma" type="REAL-NUMBER" use="optional"/>
46.      <xs:attribute name="phi" type="REAL-NUMBER" use="optional" default="1"/>
47.      <xs:attribute name="smoothedValue" type="REAL-NUMBER" use="optional"/>
48.    </xs:complexType>
49.</xs:element>
50.
51.<xs:element name="Seasonality_ExpoSmooth">
52.    <xs:complexType>
53.      <xs:sequence>
54.        <xs:group ref="REAL-ARRAY"/>
55.      </xs:sequence>
56.      <xs:attribute name="type" use="required">
57.        <xs:simpleType>
58.          <xs:restriction base="xs:NMTOKEN">
59.            <xs:enumeration value="additive"/>
60.            <xs:enumeration value="multiplicative"/>
61.          </xs:restriction>
62.        </xs:simpleType>
63.      </xs:attribute>
64.      <xs:attribute name="period" type="INT-NUMBER" use="required"/>
65.      <xs:attribute name="unit" type="xs:string" use="optional"/>
66.      <xs:attribute name="phase" type="INT-NUMBER" use="optional"/>
67.      <xs:attribute name="delta" type="REAL-NUMBER" use="optional"/>
68.    </xs:complexType>
69.</xs:element>
```

前面讲过，一个元素ExponentialSmoothing定义了表7-2中列出某种平滑算法，这里我们先把表7-2中所用到的符号与本元素及其子元素所包含的属性/子元素做一个对照，如表7-4所示。这样读者可以更快地理解和把握元素ExponentialSmoothing的内容。

表7-4 元素ExponentialSmoothing及其子元素中的属性与表7-3所示符号的对照

符号	含义	元素ExponentialSmoothing及其子元素中的属性
m	未来预测的时期数	模型输入
$\hat{X}_t(m)$	以t为起始点,第m个时期时的预测值	模型输出
α	当前水平(观测值)的平滑系数	元素Level的属性alpha
φ	自回归系数,或阻尼参数	元素Trend_ExpoSmooth的属性phi
γ	趋势平滑系数	元素Trend_ExpoSmooth的属性gamma
δ	季节指数平滑系数	元素Seasonality_ExpoSmooth的属性delta
p	一个季节周期包含的时期数量	元素Seasonality_ExpoSmooth的属性period
S_t	已知观测值X_t后,计算的平滑预测值	元素Level的属性smoothedValue
T_t	加法模型中,在时期t后的趋势平滑预测值	元素Trend_ExpoSmooth的属性smoothedValue
R_t	乘法模型中,在时期t后的趋势平滑预测值	元素Trend_ExpoSmooth的属性smoothedValue
I_t	加法或乘法模型中,在时期t后的平滑季节指数	元素Seasonality_ExpoSmooth中的数组子元素Array(引用REAL-ARRAY)
$a_0, a_1, a_2, \cdots, a_n$	布朗多项式平滑方程的平滑系数	元素Trend_ExpoSmooth中的数组子元素Array(引用REAL-ARRAY)

元素ExponentialSmoothing包含水平子元素Level、趋势指数平滑成分子元素Trend_ExpoSmooth、季节指数平滑成分Seasonality_ExpoSmooth和时间数据值子元素TimeValue4个子元素,以及均方根误差属性RMSE和转换类型属性transformation两个属性。这里先介绍一下两个属性。

● 均方根误差属性RMSE:可选属性。此属性代表预测结果的均方根误差(Root Mean Squared Error)。

● 转换类型属性transformation:可选属性,此属性默认值为none。此属性提供一个提示信息,说明构建模型时对原始时间序列使用了何种转换操作,其取值不会对模型的评分应用造成影响。取值范围如下:

➢ none:不做任何转换;
➢ logarithmic:进行对数转换;
➢ squareroot:进行平方根转换。

在这个元素中,每个子元素TimeValue表示一个预测值,前面已经讲述过元素TimeValue了,所以这里我们只讲述其他3个子元素。

(1)水平元素Level

从上面的定义可以看出,元素Level没有子元素,只是由平滑系数属性alpha和平滑值属性smoothedValue组成。

- 平滑值属性smoothedValue：可选属性。表示最后一个已知序列数据的平滑预测值，对应着表7-2所列方程中的符号S_t。
- 平滑系数属性alpha：可选属性。观测值的平滑系数，对应着表7-2所列方程中的符号α。

（2）趋势指数平滑成分子元素Trend_ExpoSmooth

元素Trend_ExpoSmooth指定了最后一个已知序列数据的平滑预测值和趋势系数等信息。它包括一个数组子元素以及趋势变化类型属性trend、趋势平滑系数属性gamma、阻尼参数属性phi和平滑值属性smoothedValue 4个属性。其中每个属性的含义如下。

- 趋势变化类型属性trend：可选属性。此属性指定了趋势的指数平滑方法，其取值范围如下：
  - additive：加法模式；
  - damped_additive：阻尼加法模式；
  - multiplicative：乘法模式；
  - damped_multiplicative：阻尼乘法模式；
  - polynomial_exponential：多项式指数平滑模式。

此属性默认值为additive。

- 趋势平滑系数属性gamma：可选属性。趋势平滑系数对应着表7-2所列方程中的符号γ。
- 阻尼参数属性phi：可选属性。表示阻尼参数，对应着表7-2所列方程中的符号φ。
- 平滑值属性smoothedValue：可选属性。对于Gardner模型来说，本属性存储平滑值；对于布朗多项式平滑模型来说，多项式平滑系数包含在数组子元素中，此时属性smoothedValue可不设置；其他任何情况都需要设置此属性。

（3）季节指数平滑成分Seasonality_ExpoSmooth

元素Seasonality_ExpoSmooth的结构与元素Trend_ExpoSmooth类似，它描述了一个周期性的序列变化信息。它包括一个数组子元素以及季节变化类型type、时期数量属性period、显示单位名称属性unit、最后数据点在季节中的索引属性phase和季节指数平滑系数属性delta 5个属性。每个属性的含义如下。

- 季节变化类型type：必选属性。此属性指定了季节性变化的指数平滑方法，其取值范围为：
  - additive：加法模式；
  - multiplicative：乘法模式。

- 时期数量属性period：必选属性。指明了一个季节性变化中包含了多少个时期

（一个时期是时间序列中相邻两个数据之间的时间间隔），此值必须是一个正整数。

● 显示单位名称属性unit：可选属性。此属性设置了一个人性化的字符串，可用于在用户界面显示季节性名称，如"星期"、"年"等等。此属性不会影响模型的评分应用。

● 最后数据点在季节中的索引属性phase：可选属性。指明最后一个已知数据点在一个季节周期中的索引，默认值等于属性period，即所有已知数据点的个数正好有整数个季节周期。

● 季节指数平滑系数属性delta：可选属性。设置了一个季节指数平滑系数。

除了上述5个属性外，元素Seasonality_ExpoSmooth还包含一个类型为REAL-ARRAY（实数）的数组，其长度等于属性period的值，设置了一个季节周期中每一个数据点的振荡变化系数，在加法模式中，这些变化系数之和可以归一化为0，在乘法模式中，这些变化系数之和可以归一化为1。

到这里，我们已经把时间序列模型的属性和组成部分讲解完毕，下面请参看一个比较完整的例子，读者对照上面的内容，会更有收获。

实例代码如下：

```
1. <PMML xmlns="http://www.dmg.org/PMML-4_3" version="4.3">
2.   <Header copyright="DMG.org">
3.     <Application name="test application"/>
4.     <Timestamp>2008-06-23 10:30:00</Timestamp>
5.   </Header>
6.   <DataDictionary numberOfFields="2">
7.     <DataField dataType="integer" optype="continuous" name="TS" displayName="TS"/>
8.     <DataField dataType="double" optype="continuous" name="VALUE" displayName="TS-VALUE"/>
9.   </DataDictionary>
10.  <TimeSeriesModel modelName="AA2Model" functionName="timeSeries" algorithmName="exponential smoothing" bestFit="ExponentialSmoothing">
11.    <MiningSchema>
12.      <MiningField name="TS" usageType="order"/>
13.      <MiningField name="VALUE" usageType="target"/>
14.    </MiningSchema>
15.    <TimeSeries usage="logical" startTime="1" endTime="24" interpolationMethod="none">
16.      <TimeValue index="1" value="112"/>
17.      <TimeValue index="2" value="118"/>
18.      <TimeValue index="3" value="132"/>
19.      <TimeValue index="4" value="129"/>
20.      <TimeValue index="5" value="121"/>
21.      <TimeValue index="6" value="135"/>
```

```
22.        <TimeValue index="7" value="148"/>
23.        <TimeValue index="8" value="148"/>
24.        <TimeValue index="9" value="136"/>
25.        <TimeValue index="10" value="119"/>
26.        <TimeValue index="11" value="104"/>
27.        <TimeValue index="12" value="118"/>
28.        <TimeValue index="13" value="115"/>
29.        <TimeValue index="14" value="126"/>
30.        <TimeValue index="15" value="141"/>
31.        <TimeValue index="16" value="135"/>
32.        <TimeValue index="17" value="125"/>
33.        <TimeValue index="18" value="149"/>
34.        <TimeValue index="19" value="170"/>
35.        <TimeValue index="20" value="170"/>
36.        <TimeValue index="21" value="158"/>
37.        <TimeValue index="22" value="133"/>
38.        <TimeValue index="23" value="114"/>
39.        <TimeValue index="24" value="140"/>
40.    </TimeSeries>
41.    <TimeSeries usage="prediction" interpolationMethod="none">
42.        <TimeValue index="25" value="145" standardError="7.3"/>
43.        <TimeValue index="26" value="150" standardError="8.3"/>
44.        <TimeValue index="27" value="178" standardError="9.3"/>
45.        <TimeValue index="28" value="163" standardError="10.3"/>
46.        <TimeValue index="29" value="172" standardError="11.3"/>
47.        <TimeValue index="30" value="178" standardError="12.3"/>
48.        <TimeValue index="31" value="199" standardError="13.3"/>
49.        <TimeValue index="32" value="199" standardError="14.3"/>
50.        <TimeValue index="33" value="184" standardError="15.3"/>
51.        <TimeValue index="34" value="162" standardError="16.3"/>
52.        <TimeValue index="35" value="146" standardError="17.3"/>
53.        <TimeValue index="36" value="166" standardError="18.3"/>
54.    </TimeSeries>
55.    <ExponentialSmoothing RMSE="7.3">
56.        <Level alpha="0.233984" smoothedValue="139.8"/>
57.        <Trend_ExpoSmooth smoothedValue="4.139" gamma="3.910E-4" phi="1.006" trend="damped_additive"/>
58.        <Seasonality_ExpoSmooth type="multiplicative" period="12" unit="month" delta="0.8254" phase="12">
```

```
59.         <Array n="12" type="real">
60.            .900 .840 .924 .976 .994 1.120 0.981 1.025 1.038 1.038 0.908 1.259
61.         </Array>
62.       </Seasonality_ExpoSmooth>
63.    </ExponentialSmoothing>
64. </TimeSeriesModel>
65.</PMML>
```

7.3.3 评分应用过程

在模型生成之后，就可以进行评分应用了。在一个时间序列模型中对未来时期进行预测是基于一个定义良好的方程进行的，在公式中指定了趋势变化和季节性变化的模式（加法、乘法等）和各种参数信息。

这里我们结合下面的例子展示如何对时间序列模型进行评分应用，这是一个使用布朗多项式平滑技术的时间序列模型的例子，代码如下：

```
1.<PMML xmlns="http://www.dmg.org/PMML-4_3" version="4.3">
2.   <Header copyright="DMG.org">
3.      <Application name="test application"/>
4.   </Header>
5.   <DataDictionary numberOfFields="2">
6.      <DataField dataType="double" name="Month_Index" optype="continuous">
7.         <Interval closure="closedClosed" leftMargin="1" rightMargin="50"/>
8.      </DataField>
9.      <DataField dataType="double" name="QuadraticMonth" optype="continuous"/>
10.   </DataDictionary>
11.   <TimeSeriesModel bestFit="ExponentialSmoothing" functionName="timeSeries" modelName="QuadraticMonth Predictor">
12.      <MiningSchema>
13.         <MiningField invalidValueTreatment="asIs" name="Month_Index" outliers="asIs" usageType="order"/>
14.         <MiningField name="QuadraticMonth" outliers="asIs" usageType="target"/>
15.      </MiningSchema>
16.      <Output>
17.         <OutputField dataType="double" feature="predictedValue" name="QuadraticMonth Predictor - Predicted Value" optype="continuous"/>
18.      </Output>
19.      <TimeSeries>
20.         <TimeValue index="50" value="2550"/>
```

```
21.      </TimeSeries>
22.      <ExponentialSmoothing RMSE="1.469296539064514">
23.        <Level alpha="0.29"/>
24.        <Trend_ExpoSmooth trend="polynomial_exponential">
25.          <Array type="real" n="3">2549.999972 100.9999732 1.999994714</Array>
26.        </Trend_ExpoSmooth>
27.        <TimeValue index="1" value="1.499999999999986"/>
28.        <TimeValue index="2" value="4.434999999999974"/>
29.        <TimeValue index="3" value="9.422699999999999"/>
30.        <TimeValue index="4" value="16.69814500000001"/>
31.        <TimeValue index="5" value="26.30456892500002"/>
32.        <TimeValue index="6" value="38.19968310645001"/>
33.        <TimeValue index="7" value="52.31215520655601"/>
34.        <TimeValue index="8" value="68.56947439659567"/>
35.        <TimeValue index="9" value="86.90993292618671"/>
36.        <TimeValue index="10" value="107.2862207849398"/>
37.        <TimeValue index="11" value="129.6649358584095"/>
38.        <TimeValue index="12" value="154.0243926888923"/>
39.        <TimeValue index="13" value="180.3519824960263"/>
40.        <TimeValue index="14" value="208.6416885111437"/>
41.        <TimeValue index="15" value="238.8920018116692"/>
42.        <TimeValue index="16" value="271.1042947305884"/>
43.        <TimeValue index="17" value="305.281618813078"/>
44.        <TimeValue index="18" value="341.4278584112037"/>
45.        <TimeValue index="19" value="379.5471635161653"/>
46.        <TimeValue index="20" value="419.6435914851766"/>
47.        <TimeValue index="21" value="461.7208987097413"/>
48.        <TimeValue index="22" value="505.7824356899514"/>
49.        <TimeValue index="23" value="551.8311103729045"/>
50.        <TimeValue index="24" value="599.8693941784766"/>
51.        <TimeValue index="25" value="649.8993527234378"/>
52.        <TimeValue index="26" value="701.9226890294883"/>
53.        <TimeValue index="27" value="755.9407912489685"/>
54.        <TimeValue index="28" value="811.9547799736052"/>
55.        <TimeValue index="29" value="869.965552291198"/>
56.        <TimeValue index="30" value="929.9738211628786"/>
57.        <TimeValue index="31" value="991.980149602085"/>
58.        <TimeValue index="32" value="1055.984979693915"/>
```

```
59.        <TimeValue index="33" value="1121.988656811033"/>
60.        <TimeValue index="34" value="1189.991449540624"/>
61.        <TimeValue index="35" value="1259.993565893434"/>
62.        <TimeValue index="36" value="1331.99516636062"/>
63.        <TimeValue index="37" value="1405.996374344018"/>
64.        <TimeValue index="38" value="1481.997284428074"/>
65.        <TimeValue index="39" value="1559.997968898639"/>
66.        <TimeValue index="40" value="1639.998482851363"/>
67.        <TimeValue index="41" value="1721.998868174932"/>
68.        <TimeValue index="42" value="1805.999156642965"/>
69.        <TimeValue index="43" value="1891.999372304384"/>
70.        <TimeValue index="44" value="1979.999533324537"/>
71.        <TimeValue index="45" value="2069.999653398587"/>
72.        <TimeValue index="46" value="2161.999742833126"/>
73.        <TimeValue index="47" value="2255.999809371593"/>
74.        <TimeValue index="48" value="2351.9998588225"/>
75.        <TimeValue index="49" value="2449.999895536411"/>
76.        <TimeValue index="50" value="2549.999922767288"/>
77.    </ExponentialSmoothing>
78. </TimeSeriesModel>
79.</PMML>
```

根据这个例子所表示的时间序列模型，我们可以使用布朗公式进行多次指数平滑预测。其中：

$$a_0=2549.999972$$
$$a_1=100.9999732$$
$$a_2=1.999994714$$

例如，要预测上述时间序列数据中的下一个值（即 index = 51，对应于 m = 1）。计算公式如下：

$$X_t(m)=a_0+a_1m+\frac{1}{2}a_2m^2$$
$$=2549.999972+(100.9999732\times1)+(0.5\times1.999994714\times1^2)$$
$$=2652$$

8 聚合模型（MiningModel）

8.1 模型聚合基础知识

本章将讲述一个特殊的"模型"元素：挖掘模型元素 MiningModel。它本身不是一个具体的挖掘模型，而是一个或多个挖掘模型的"容器"，它提供了一种模型聚合（Ensemble）的方式。模型聚合通常也称为模型组合，或者模型集成。

按照预测模型标记语言 PMML 的规范，在一个 PMML 文档中，可以只包含一个挖掘模型，也可以同时包含多个挖掘模型。

PMML 规范提供了以下 3 种在一个 PMML 文档中表示多个模型的方法：

① 在根元素 PMML 中顺序放置多个不同的模型；

② 在挖掘模型元素 MiningModel 中使用模型合成子元素（仅包括回归子元素 Regression 和决策树子元素 DecisionTree 两种）；

③ 在挖掘模型元素 MiningModel 中使用模型区子元素 Segmentation。

其中，第一种方法只是一个个模型的简单堆砌，虽然语法上没有违反 PMML 规范，但是既没有表明如何使用这些模型，也没有指明模型之间的相互关系。所以这种方法很少被使用。对于第二种方法来说，从 PMML 4.1 开始，由于模型区子元素 Segmentation 的功能完善和扩展，已经覆盖了 Regression 和 DecisionTree 两种合成子元素，所以这种方法已经逐步被第三种方法所取代，只是从兼容性考虑，目前的 PMML 版本仍然支持这种方式，但已经不再被推荐使用。

第三种方法是目前 PMML 规范中完整支持一个文档中包含多个模型的方法，它能够把模型使用方式、模型间关系表达得清楚明了，实现了模型的真正聚合。所以，本章的内容主要围绕着挖掘模型元素 MiningModel 及其模型区子元素 Segmentation 展开。

元素 Segmentation 可以为不同的数据集表示不同的挖掘模型，也可以用于模型聚合和模型序列。使用模型聚合对一个新数据进行评分的过程是：首先分别使用每个可用的模型对新数据进行评分，获得不同的结果；然后使用一种预先定义的聚合方式对结果进行组合，获得最终结果。使用模型序列对一个新数据进行评分的过程是：一个模型的输出可以作为下一个模型的输入，输出依次流转，直到最后一个模型的输出作为最终结果。

为了简便起见，我们一般把模型序列作为模型聚合的特殊方式，包含在模型聚合的内容中一起讲述。下面是一些需要模型聚合的场景。

① 一个逻辑回归模型需要一些有意义的处理缺失值的规则，例如：

```
if Age is missing
  if Occupation is "Student" then Age : =20
  else if Occupation is "Retired" then Age : =70
else Age : =40
```

这些预处理规则可以把一个决策树模型作为逻辑回归模型的前置模型出现。

② 决策树聚合方式可以实现多个简单的决策树组合，实现更好的分类或回归结果。例如，多个类决策树模型通过聚合，使用"多数投票表决法"决定最终结果，或者多个

回归预测树通过组合，使用不同的平均方式（简单平均或加权平均）来获得最终结果。

③ 在需要根据不同上下文环境，从多个模型中选择特定模型的情况下，可以在不同分段中标记适用于不同环境的多个模型，根据新数据的具体情况选择特定的模型。

④ 合并多个模型结果的投票方案也可以通过模型聚合来实现。例如：有4个分类模型A、B、C、D的聚合，它们具有同一个目标变量，取值为"yes"和"no"。则最终的分类结果可以定义为4个模型结果的回归方程，如下：

$$P_{yes}=0.25\times PA_{yes}+0.25\times PB_{yes}+0.25\times PC_{yes}+0.25\times PD_{yes}$$
$$P_{no}=0.25\times PA_{no}+0.25\times PB_{no}+0.25\times PC_{no}+0.25\times PD_{no}$$

式中，PA_{yes}、PA_{no} 分别表示模型A预测结果为"yes"、"no"的概率，其余类推。

8.2 挖掘模型MiningModel

挖掘模型元素MiningModel就像一个容器，通过其模型区子元素Segmentation把多个模型有机地组合在一起，按照一定的规则，共同完成一个复杂的任务。

在PMML规范中，挖掘模型元素MiningModel的定义如下：

```
1. <xs:element name="MiningModel">
2.   <xs:complexType>
3.     <xs:sequence>
4.       <xs:element ref="Extension" minOccurs="0" maxOccurs="unbounded"/>
5.       <xs:element ref="MiningSchema"/>
6.       <xs:element ref="Output" minOccurs="0"/>
7.       <xs:element ref="ModelStats" minOccurs="0"/>
8.       <xs:element ref="ModelExplanation" minOccurs="0"/>
9.       <xs:element ref="Targets" minOccurs="0"/>
10.      <xs:element ref="LocalTransformations" minOccurs="0"/>
11.      <xs:choice minOccurs="0" maxOccurs="unbounded">
12.        <xs:element ref="Regression"/>
13.        <xs:element ref="DecisionTree"/>
14.      </xs:choice>
15.      <xs:element ref="Segmentation" minOccurs="0"/>
16.      <xs:element ref="ModelVerification" minOccurs="0"/>
17.      <xs:element ref="Extension" minOccurs="0" maxOccurs="unbounded"/>
18.    </xs:sequence>
19.    <xs:attribute name="modelName" type="xs:string" use="optional"/>
20.    <xs:attribute name="functionName" type="MINING-FUNCTION" use="required"/>
```

```
21.    <xs:attribute name="algorithmName" type="xs:string" use="optional"/>
22.    <xs:attribute name="isScorable" type="xs:boolean" default="true"/>
23.  </xs:complexType>
24.</xs:element>
```

从上面的定义可以看出，与其他挖掘模型元素相比，元素 MiningModel 也同样包含了所有模型通用的模型属性以及子元素，如 MiningSchema、Output、ModelStats、LocalTransformations 和 ModelVerification 等子元素以及 modelName 和 functionName 等属性，并且属性 functionName 可设置为"classification"或者"regression"。所以，从这方面看，挖掘模型元素 MiningModel 与其他模型元素并没有什么区别，但是，由于它包含了一个特殊的模型区子元素 Segmentation，使得它与其他挖掘模型元素有了截然不同的功能。一般来说，一个挖掘模型元素 MiningModel 至少包含一个模型区子元素 Segmentation，下面我们将详细介绍一下这个模型区子元素 Segmentation。

模型区元素 Segmentation 是一个模型段子元素 Segment 的"容器"，它可以包含一个或多个模型段元素 Segment，并具有一个模型聚合方式属性 multipleModelMethod。

在 PMML 规范中，模型区元素 Segmentation 的定义如下：

```
1.<xs:element name="Segmentation">
2.  <xs:complexType>
3.    <xs:sequence>
4.      <xs:element ref="Extension" minOccurs="0" maxOccurs="unbounded"/>
5.      <xs:element ref="Segment" maxOccurs="unbounded"/>
6.    </xs:sequence>
7.    <xs:attribute name="multipleModelMethod" type="MULTIPLE-MODEL-METHOD" use="required"/>
8.  </xs:complexType>
9.</xs:element>
10.
11.<xs:element name="Segment">
12.  <xs:complexType>
13.    <xs:sequence>
14.      <xs:element ref="Extension" minOccurs="0" maxOccurs="unbounded"/>
15.      <xs:group ref="PREDICATE"/>
16.      <xs:group ref="MODEL-ELEMENT"/>
17.    </xs:sequence>
18.    <xs:attribute name="id" type="xs:string" use="optional"/>
19.    <xs:attribute name="weight" type="NUMBER" use="optional" default="1"/>
20.  </xs:complexType>
21.</xs:element>
22.
```

```xml
23. <xs:simpleType name="MULTIPLE-MODEL-METHOD">
24.     <xs:restriction base="xs:string">
25.         <xs:enumeration value="majorityVote"/>
26.         <xs:enumeration value="weightedMajorityVote"/>
27.         <xs:enumeration value="average"/>
28.         <xs:enumeration value="weightedAverage"/>
29.         <xs:enumeration value="median"/>
30.         <xs:enumeration value="max"/>
31.         <xs:enumeration value="sum"/>
32.         <xs:enumeration value="selectFirst"/>
33.         <xs:enumeration value="selectAll"/>
34.         <xs:enumeration value="modelChain"/>
35.     </xs:restriction>
36. </xs:simpleType>
37.
38. <xs:group name="MODEL-ELEMENT">
39.     <xs:choice>
40.         <xs:element ref="AssociationModel"/>
41.         <xs:element ref="BayesianNetworkModel"/>
42.         <xs:element ref="BaselineModel"/>
43.         <xs:element ref="ClusteringModel"/>
44.         <xs:element ref="GaussianProcessModel"/>
45.         <xs:element ref="GeneralRegressionModel"/>
46.         <xs:element ref="MiningModel"/>
47.         <xs:element ref="NaiveBayesModel"/>
48.         <xs:element ref="NearestNeighborModel"/>
49.         <xs:element ref="NeuralNetwork"/>
50.         <xs:element ref="RegressionModel"/>
51.         <xs:element ref="RuleSetModel"/>
52.         <xs:element ref="SequenceModel"/>
53.         <xs:element ref="Scorecard"/>
54.         <xs:element ref="SupportVectorMachineModel"/>
55.         <xs:element ref="TextModel"/>
56.         <xs:element ref="TimeSeriesModel"/>
57.         <xs:element ref="TreeModel"/>
58.     </xs:choice>
59. </xs:group>
```

模型聚合方式属性multipleModelMethod指定了模型段子元素Segment序列中的所有模型的聚合方式。为了更好地理解属性multipleModelMethod的含义，我们先讲述一下模型段子元素Segment。模型段元素Segment用于标记一个挖掘模型，从它的定义可以看出，每一个Segment包含一个谓词组子元素PREDICATE和一个类型为MODEL-ELEMENT的引用。

类型MODEL-ELEMENT的引用代表了PMML规范目前支持的挖掘模型类型，包括本书上册以及本书所讲的所有模型。例如关联规则模型AssociationModel、贝叶斯网络模型BayesianNetworkModel、决策树模型TreeModel等等，甚至也包括本章所讲的挖掘模型MiningModel。

谓词组元素PREDICATE的引用代表了一个谓词逻辑表达式，其运算结果决定了MODEL-ELEMENT的引用的挖掘模型是否有效，可以是一个SimplePredicate，或者CompoundPredicate，或者SimpleSetPredicate，或者True，或者False。如果谓词表达式的结果为真（TRUE），则挖掘模型有效；否则挖掘模型无效。关于元素PREDICATE，我们已经在第二章"决策树模型TreeModel"中做了详细的介绍，需要了解的读者请翻阅前面的相关内容。

除此之外，模型段元素Segment还有两个可选属性：唯一标识属性id和权重属性weight。

● 唯一标识属性id：可选属性。用来唯一标识一个段Segment（从而也唯一标识它所包含的一个模型）。如果没有设置，则默认设置为其出现的顺序号（第一个出现的元素Segment的标识属性id=1）。

● 权重属性weight：可选属性。指定所包含的模型的输出结果将在整个聚合模型结果中所占的比例，默认值为1。

至此，我们已经知道，模型段元素Segment不仅包含了一个挖掘模型，也为模型设置了一个权重属性。下面我们再详细说明一下模型区元素Segmentation的模型聚合方式属性multipleModelMethod。

属性multipleModelMethod是一个必选属性，包含一个类型为MULTIPLE-MODEL-METHOD的值，这是一个枚举类型，包含了如下10种模型聚合的方式：

① majorityVote：多数投票表决法。
② weightedMajorityVote：加权多数投票表决法。
③ average：平均值法。
④ weightedAverage：加权平均值法。
⑤ median：中位数法。
⑥ max：最大值法。
⑦ sum：求和法。
⑧ selectFirst：首个符合条件法。
⑨ selectAll：所有符合条件法。
⑩ modelChain：模型链法。

不同的取值适用于不同的模型。有些取值是适用于所有模型的，有些只适用于某些模型，下面从模型较多详细描述一下。

① 适用于所有模型的取值，包括 selectFirst、selectAll 和 modelChain 3 个。

➤ selectFirst：选择并使用第一个谓词表达式结果为真（TRUE）的子元素 Segment 所包含的挖掘模型。

➤ selectAll：首先评估所有子元素 Segment 的谓词表达式，然后应用（运行）所有结果为真（TRUE）的表达式所对应的挖掘模型。每个模型的子元素 Output 会包含对应的元素 Segment 的标识属性 id。对于一次评分应用，虽然 PMML 规范没有明确一种返回多个值的规范，但是 PMML 模型消费者（使用者）可以按照自己的方式灵活实现。

➤ modelChain：每个挖掘模型按照其父元素 Segment 在文档中出现的顺序执行，如果 Segment 的谓词表达式为真（TRUE），则对模型进行评分应用，否则这个模型的输出结果为缺失值。一个模型的输出字段 OutputField 作为下一个模型的输入进入挖掘模型元素 MiningSchema。一个挖掘模型元素 MiningModel 的最终结果将是谓词表达式结果为真的最后一个模型段元素 Segment 所包含的模型。注意：此种情况下，所有模型都必须具有 OutputField 元素。

② 适用于聚类模型的取值，包括 majorityVote、weightedMajorityVote、modelChain、selectFirst 和 selectAll 5 个，其中后 3 个在上面已经说明了，这里对前两个值的含义加以描述：

➤ majorityVote：选择包含最多数据量的模型确定的组别（簇）ID 为最终组别 ID。

➤ weightedMajorityVote：考虑元素 Segment 的权重，权重最高的组别（簇）ID 为最终组别 ID。

③ 适用于回归预测模型的取值，包括 average、weightedAverage、median、sum、modelChain、selectFirst 和 selectAll 7 个，其中后 3 个在上面已经说明了，这里对前 4 个的含义加以描述：

➤ average：取所有谓词表达式结果真（TRUE）的子元素 Segment 所包含的模型预测值的平均值为最终结果。

➤ weightedAverage：取所有谓词表达式结果真（TRUE）的子元素 Segment 所包含的模型预测值的加权平均值为最终结果。

➤ median：取所有谓词表达式结果真（TRUE）的子元素 Segment 所包含的模型预测值的中位数为最终结果。

➤ sum：取所有谓词表达式结果真（TRUE）的子元素 Segment 所包含的模型预测值的总和为最终结果。

④ 适用于分类模型的取值，除 sum 外，其他 9 个取值都适用，其中 modelChain、selectFirst 和 selectAll 上面已经说明了，这里针对其他 6 个加以说明。

➤ majorityVote、weightedMajorityVote：取所有谓词表达式结果真（TRUE）的子

元素Segment所包含的模型预测类别中最多，或者类别加权和最大的类别为最终结果。

➢ average、weightedAverage：取所有谓词表达式结果真（TRUE）的子元素Segment所包含的模型所有预测类别的概率平均值，或者类别加权平均值最大的类别为最终结果。

➢ max：取所有谓词表达式结果真（TRUE）的子元素Segment所包含的模型预测类别概率最大的类别为最终结果。

➢ median：如果谓词表达式结果真（TRUE）的子元素Segment所包含的模型的个数为奇数，则选择中位数对应的模型预测结果为最终结果；否则，选择中间两个模型的预测类别的概率平均值最大的类别为最终结果。

注意：

① 在一个挖掘模型元素MiningModel内，除聚合方式为selectAll（multipleModelMethod="selectAll"）外，如果没有任何一个模型段子元素Segment的谓词表达式为真（TRUE），则元素MiningModel的子元素Output为MISSING（缺失值）；对于聚合方式为selectAll的情况，如果没有任何一个模型段子元素Segment的谓词表达式为真（TRUE），则元素MiningModel的子元素Output为空。

② 在一个挖掘模型元素MiningModel内，除聚合方式为modelChain（multipleModel-Method="modelChain"）外，所有挖掘模型元素都必须具有相同的MINING-FUNCTION，即功能名称属性functionName必须设置为相同的值；对于聚合方式为modelChain的情况，最后一个可执行的模型段元素Segment（其谓词表达式结果为真）所包含的模型的属性functionName值必须与挖掘模型元素MiningModel的属性functionName值相同，否则结果是无效的。

读者可能已经注意到，在上面元素MiningModel的定义中还出现了子元素Regression和DecisionTree。前面我们已经讲过，这是一种过时的模型集成方式，已经不再推荐使用，所以本书也将不再讲述这两个子元素，感兴趣的读者可自行查阅相关资料。

为了让读者能够更清楚、更详细地理解上面的内容，我们这里给出6个例子，请读者仔细阅读，加深对上面内容的理解。

例子1：这个例子演示了多个决策树聚合模型的实现，其结果通过多数投票表决法（majorityVote）实现。

```
1.<MiningModel functionName="classification">
2.  <MiningSchema>
3.    <MiningField name="petal_length" usageType="active"/>
4.    <MiningField name="petal_width" usageType="active"/>
5.    <MiningField name="day" usageType="active"/>
6.    <MiningField name="continent" usageType="active"/>
7.    <MiningField name="sepal_length" usageType="supplementary"/>
8.    <MiningField name="sepal_width" usageType="supplementary"/>
9.    <MiningField name="Class" usageType="target"/>
```

```xml
10.    </MiningSchema>
11.    <Segmentation multipleModelMethod="majorityVote">
12.      <Segment id="1">
13.        <True/>
14.        <TreeModel modelName="Iris" functionName="classification" splitCharacteristic="binarySplit">
15.          <MiningSchema>
16.            <MiningField name="petal_length" usageType="active"/>
17.            <MiningField name="petal_width" usageType="active"/>
18.            <MiningField name="day" usageType="active"/>
19.            <MiningField name="continent" usageType="active"/>
20.            <MiningField name="sepal_length" usageType="supplementary"/>
21.            <MiningField name="sepal_width" usageType="supplementary"/>
22.            <MiningField name="Class" usageType="target"/>
23.          </MiningSchema>
24.          <Node score="Iris-setosa" recordCount="150">
25.            <True/>
26.            <ScoreDistribution value="Iris-setosa" recordCount="50"/>
27.            <ScoreDistribution value="Iris-versicolor" recordCount="50"/>
28.            <ScoreDistribution value="Iris-virginica" recordCount="50"/>
29.            <Node score="Iris-setosa" recordCount="50">
30.              <SimplePredicate field="petal_length" operator="lessThan" value="2.45"/>
31.              <ScoreDistribution value="Iris-setosa" recordCount="50"/>
32.              <ScoreDistribution value="Iris-versicolor" recordCount="0"/>
33.              <ScoreDistribution value="Iris-virginica" recordCount="0"/>
34.            </Node>
35.            <Node score="Iris-versicolor" recordCount="100">
36.              <True/>
37.              <ScoreDistribution value="Iris-setosa" recordCount="0"/>
38.              <ScoreDistribution value="Iris-versicolor" recordCount="50"/>
39.              <ScoreDistribution value="Iris-virginica" recordCount="50"/>
40.              <Node score="Iris-versicolor" recordCount="54">
41.                <SimplePredicate field="petal_width" operator="lessThan" value="1.75"/>
42.                <ScoreDistribution value="Iris-setosa" recordCount="0"/>
43.                <ScoreDistribution value="Iris-versicolor" recordCount="49"/>
44.                <ScoreDistribution value="Iris-virginica" recordCount="5"/>
```

```xml
45.          </Node>
46.          <Node score="Iris-virginica" recordCount="46">
47.            <True/>
48.            <ScoreDistribution value="Iris-setosa" recordCount="0"/>
49.            <ScoreDistribution value="Iris-versicolor" recordCount="1"/>
50.            <ScoreDistribution value="Iris-virginica" recordCount="45"/>
51.          </Node>
52.        </Node>
53.      </Node>
54.    </TreeModel>
55.  </Segment>
56.  <Segment id="2">
57.    <True/>
58.    <TreeModel modelName="Iris" functionName="classification" splitCharacteristic="binarySplit">
59.      <MiningSchema>
60.        <MiningField name="petal_length" usageType="active"/>
61.        <MiningField name="petal_width" usageType="active"/>
62.        <MiningField name="day" usageType="active"/>
63.        <MiningField name="continent" usageType="active"/>
64.        <MiningField name="sepal_length" usageType="supplementary"/>
65.        <MiningField name="sepal_width" usageType="supplementary"/>
66.        <MiningField name="Class" usageType="target"/>
67.      </MiningSchema>
68.      <Node score="Iris-setosa" recordCount="150">
69.        <True/>
70.        <ScoreDistribution value="Iris-setosa" recordCount="50"/>
71.        <ScoreDistribution value="Iris-versicolor" recordCount="50"/>
72.        <ScoreDistribution value="Iris-virginica" recordCount="50"/>
73.        <Node score="Iris-setosa" recordCount="50">
74.          <SimplePredicate field="petal_length" operator="lessThan" value="2.15"/>
75.          <ScoreDistribution value="Iris-setosa" recordCount="50"/>
76.          <ScoreDistribution value="Iris-versicolor" recordCount="0"/>
77.          <ScoreDistribution value="Iris-virginica" recordCount="0"/>
78.        </Node>
79.        <Node score="Iris-versicolor" recordCount="100">
80.          <True/>
```

```
81.            <ScoreDistribution value="Iris-setosa" recordCount="0"/>
82.            <ScoreDistribution value="Iris-versicolor" recordCount="50"/>
83.            <ScoreDistribution value="Iris-virginica" recordCount="50"/>
84.            <Node score="Iris-versicolor" recordCount="54">
85.              <SimplePredicate field="petal_width" operator="lessThan" value="1.93"/>
86.              <ScoreDistribution value="Iris-setosa" recordCount="0"/>
87.              <ScoreDistribution value="Iris-versicolor" recordCount="49"/>
88.              <ScoreDistribution value="Iris-virginica" recordCount="5"/>
89.              <Node score="Iris-versicolor" recordCount="48">
90.                <SimplePredicate field="continent" operator="equal" value="africa"/>
91.              </Node>
92.              <Node score="Iris-virginical" recordCount="6">
93.                <SimplePredicate field="continent" operator="notEqual" value="africa"/>
94.              </Node>
95.            </Node>
96.            <Node score="Iris-virginica" recordCount="46">
97.              <True/>
98.              <ScoreDistribution value="Iris-setosa" recordCount="0"/>
99.              <ScoreDistribution value="Iris-versicolor" recordCount="1"/>
100.             <ScoreDistribution value="Iris-virginica" recordCount="45"/>
101.           </Node>
102.         </Node>
103.       </Node>
104.     </TreeModel>
105.   </Segment>
106.   <Segment id="3">
107.     <True/>
108.     <TreeModel modelName="Iris" functionName="classification" splitCharacteristic="binarySplit">
109.       <MiningSchema>
110.         <MiningField name="petal_length" usageType="active"/>
111.         <MiningField name="petal_width" usageType="active"/>
112.         <MiningField name="day" usageType="active"/>
113.         <MiningField name="continent" usageType="active"/>
114.         <MiningField name="sepal_length" usageType="supplementary"/>
```

```
115.            <MiningField name="sepal_width" usageType="supplementary"/>
116.            <MiningField name="Class" usageType="target"/>
117.          </MiningSchema>
118.          <Node score="Iris-setosa" recordCount="150">
119.            <True/>
120.            <ScoreDistribution value="Iris-setosa" recordCount="50"/>
121.            <ScoreDistribution value="Iris-versicolor" recordCount="50"/>
122.            <ScoreDistribution value="Iris-virginica" recordCount="50"/>
123.            <Node score="Iris-setosa" recordCount="50">
124.              <SimplePredicate field="petal_width" operator="lessThan" value="2.85"/>
125.              <ScoreDistribution value="Iris-setosa" recordCount="50"/>
126.              <ScoreDistribution value="Iris-versicolor" recordCount="0"/>
127.              <ScoreDistribution value="Iris-virginica" recordCount="0"/>
128.            </Node>
129.            <Node score="Iris-versicolor" recordCount="100">
130.              <True/>
131.              <ScoreDistribution value="Iris-setosa" recordCount="0"/>
132.              <ScoreDistribution value="Iris-versicolor" recordCount="50"/>
133.              <ScoreDistribution value="Iris-virginica" recordCount="50"/>
134.              <Node score="Iris-versicolor" recordCount="54">
135.                <SimplePredicate field="continent" operator="equal" value="asia"/>
136.                <ScoreDistribution value="Iris-setosa" recordCount="0"/>
137.                <ScoreDistribution value="Iris-versicolor" recordCount="49"/>
138.                <ScoreDistribution value="Iris-virginica" recordCount="5"/>
139.              </Node>
140.              <Node score="Iris-virginica" recordCount="46">
141.                <SimplePredicate field="continent" operator="notEqual" value="asia"/>
142.                <ScoreDistribution value="Iris-setosa" recordCount="0"/>
143.                <ScoreDistribution value="Iris-versicolor" recordCount="1"/>
144.                <ScoreDistribution value="Iris-virginica" recordCount="45"/>
145.              </Node>
146.            </Node>
147.          </Node>
148.        </TreeModel>
149.      </Segment>
150.    </Segmentation>
151.</MiningModel>
```

例子2：这个例子演示了回归树聚合模型的实现，其结果通过加权平均值法（weightedAverage）实现。

```
1.<MiningModel functionName="regression">
2.    <MiningSchema>
3.        <MiningField name="petal_length" usageType="active"/>
4.        <MiningField name="petal_width" usageType="active"/>
5.        <MiningField name="day" usageType="active"/>
6.        <MiningField name="continent" usageType="active"/>
7.        <MiningField name="sepal_length" usageType="target"/>
8.        <MiningField name="sepal_width" usageType="active"/>
9.    </MiningSchema>
10.   <Segmentation multipleModelMethod="weightedAverage">
11.       <Segment id="1" weight="0.25">
12.           <True/>
13.           <TreeModel modelName="Iris" functionName="regression" splitCharacteristic="multiSplit">
14.               <MiningSchema>
15.                   <MiningField name="petal_length" usageType="active"/>
16.                   <MiningField name="petal_width" usageType="active"/>
17.                   <MiningField name="day" usageType="active"/>
18.                   <MiningField name="continent" usageType="active"/>
19.                   <MiningField name="sepal_length" usageType="target"/>
20.                   <MiningField name="sepal_width" usageType="active"/>
21.               </MiningSchema>
22.               <Node score="5.843333" recordCount="150">
23.                   <True/>
24.                   <Node score="5.179452" recordCount="73">
25.                       <SimplePredicate field="petal_length" operator="lessThan" value="4.25"/>
26.                       <Node score="5.005660" recordCount="53">
27.                           <SimplePredicate field="petal_length" operator="lessThan" value="3.40"/>
28.                       </Node>
29.                       <Node score="4.735000" recordCount="20">
30.                           <SimplePredicate field="sepal_width" operator="lessThan" value="3.25"/>
31.                       </Node>
32.                       <Node score="5.169697" recordCount="33">
```

```xml
33.            <SimplePredicate field="sepal_width" operator="greaterThan" value="3.25"/>
34.          </Node>
35.          <Node score="5.640000" recordCount="20">
36.            <SimplePredicate field="petal_length" operator="greaterThan" value="3.40"/>
37.          </Node>
38.        </Node>
39.        <Node score="6.472727" recordCount="77">
40.          <SimplePredicate field="petal_length" operator="greaterThan" value="4.25"/>
41.          <Node score="6.326471" recordCount="68">
42.            <SimplePredicate field="petal_length" operator="lessThan" value="6.05"/>
43.            <Node score="6.165116" recordCount="43">
44.              <SimplePredicate field="petal_length" operator="lessThan" value="5.15"/>
45.              <Node score="6.054545" recordCount="33">
46.                <SimplePredicate field="sepal_width" operator="lessThan" value="3.05"/>
47.              </Node>
48.              <Node score="6.530000" recordCount="10">
49.                <SimplePredicate field="sepal_width" operator="greaterThan" value="3.05"/>
50.              </Node>
51.            </Node>
52.            <Node score="6.604000" recordCount="25">
53.              <SimplePredicate field="petal_length" operator="greaterThan" value="5.15"/>
54.            </Node>
55.          </Node>
56.          <Node score="7.577778" recordCount="9">
57.            <SimplePredicate field="petal_length" operator="greaterThan" value="6.05"/>
58.          </Node>
59.        </Node>
60.      </Node>
61.    </TreeModel>
62.  </Segment>
```

```
63.    <Segment id="2" weight="0.25">
64.      <True/>
65.      <TreeModel modelName="Iris" functionName="regression" splitCharac-
teristic="multiSplit">
66.        <MiningSchema>
67.          <MiningField name="petal_length" usageType="active"/>
68.          <MiningField name="petal_width" usageType="active"/>
69.          <MiningField name="day" usageType="active"/>
70.          <MiningField name="continent" usageType="active"/>
71.          <MiningField name="sepal_length" usageType="target"/>
72.          <MiningField name="sepal_width" usageType="active"/>
73.        </MiningSchema>
74.        <Node score="5.843333" recordCount="150">
75.          <True/>
76.          <Node score="5.073333" recordCount="60">
77.            <SimplePredicate field="petal_width" operator="lessThan" value="1.15"/>
78.            <Node score="4.953659" recordCount="41">
79.              <SimplePredicate field="petal_width" operator="lessThan" value="0.35"/>
80.            </Node>
81.            <Node score="4.688235" recordCount="17">
82.              <SimplePredicate field="sepal_width" operator="lessThan" value="3.25"/>
83.            </Node>
84.            <Node score="5.141667" recordCount="24">
85.              <SimplePredicate field="sepal_width" operator="greaterThan" value="3.25"/>
86.            </Node>
87.            <Node score="5.331579" recordCount="19">
88.              <SimplePredicate field="petal_width" operator="greaterThan" value="0.35"/>
89.            </Node>
90.          </Node>
91.          <Node score="6.356667" recordCount="90">
92.            <SimplePredicate field="petal_width" operator="greaterThan" value="1.15"/>
93.            <Node score="6.160656" recordCount="61">
94.              <SimplePredicate field="petal_width" operator="lessThan" value="1.95"/>
```

```xml
95.            <Node score="5.855556" recordCount="18">
96.                <SimplePredicate field="petal_width" operator="lessThan" value="1.35"/>
97.            </Node>
98.            <Node score="6.288372" recordCount="43">
99.                <SimplePredicate field="petal_width" operator="greaterThan" value="1.35"/>
100.               <Node score="6.000000" recordCount="13">
101.                   <SimplePredicate field="sepal_width" operator="lessThan" value="2.75"/>
102.               </Node>
103.               <Node score="6.413333" recordCount="30">
104.                   <SimplePredicate field="sepal_width" operator="greaterThan" value="2.75"/>
105.               </Node>
106.           </Node>
107.       </Node>
108.       <Node score="6.768966" recordCount="29">
109.           <SimplePredicate field="petal_width" operator="greaterThan" value="1.95"/>
110.       </Node>
111.   </Node>
112.   </Node>
113.   </TreeModel>
114.   </Segment>
115.   <Segment id="3" weight="0.5">
116.       <True/>
117.       <TreeModel modelName="Iris" functionName="regression" splitCharacteristic="multiSplit">
118.           <MiningSchema>
119.               <MiningField name="petal_length" usageType="active"/>
120.               <MiningField name="petal_width" usageType="active"/>
121.               <MiningField name="day" usageType="active"/>
122.               <MiningField name="continent" usageType="active"/>
123.               <MiningField name="sepal_length" usageType="target"/>
124.               <MiningField name="sepal_width" usageType="active"/>
125.           </MiningSchema>
126.           <Node score="5.843333" recordCount="150">
```

```
127.          <True/>
128.          <Node score="5.179452" recordCount="73">
129.            <SimplePredicate field="petal_length" operator="lessThan" value="4.25"/>
130.            <Node score="5.005660" recordCount="53">
131.              <SimplePredicate field="petal_length" operator="lessThan" value="3.40"/>
132.            </Node>
133.            <Node score="5.640000" recordCount="20">
134.              <SimplePredicate field="petal_length" operator="greaterThan" value="3.40"/>
135.            </Node>
136.          </Node>
137.          <Node score="6.472727" recordCount="77">
138.            <SimplePredicate field="petal_length" operator="greaterThan" value="4.25"/>
139.            <Node score="6.326471" recordCount="68">
140.              <SimplePredicate field="petal_length" operator="lessThan" value="6.05"/>
141.              <Node score="6.165116" recordCount="43">
142.                <SimplePredicate field="petal_length" operator="lessThan" value="5.15"/>
143.              </Node>
144.              <Node score="6.604000" recordCount="25">
145.                <SimplePredicate field="petal_length" operator="greaterThan" value="5.15"/>
146.              </Node>
147.            </Node>
148.            <Node score="7.577778" recordCount="9">
149.              <SimplePredicate field="petal_length" operator="greaterThan" value="6.05"/>
150.            </Node>
151.          </Node>
152.        </Node>
153.      </TreeModel>
154.    </Segment>
155.  </Segmentation>
156.</MiningModel>
```

例子3：这个例子演示了分类聚合模型的实现，其结果通过首个符合条件法（selectFirst）实现。

```xml
1. <MiningModel functionName="classification">
2.   <MiningSchema>
3.     <MiningField name="petal_length" usageType="active"/>
4.     <MiningField name="petal_width" usageType="active"/>
5.     <MiningField name="day" usageType="active"/>
6.     <MiningField name="continent" usageType="active"/>
7.     <MiningField name="sepal_length" usageType="supplementary"/>
8.     <MiningField name="sepal_width" usageType="supplementary"/>
9.     <MiningField name="Class" usageType="target"/>
10.  </MiningSchema>
11.  <Segmentation multipleModelMethod="selectFirst">
12.    <Segment id="1">
13.      <CompoundPredicate booleanOperator="and">
14.        <SimplePredicate field="continent" operator="equal" value="asia"/>
15.        <SimplePredicate field="day" operator="lessThan" value="60.0"/>
16.        <SimplePredicate field="day" operator="greaterThan" value="0.0"/>
17.      </CompoundPredicate>
18.      <TreeModel modelName="Iris" functionName="classification" splitCharacteristic="binarySplit">
19.        <MiningSchema>
20.          <MiningField name="petal_length" usageType="active"/>
21.          <MiningField name="petal_width" usageType="active"/>
22.          <MiningField name="day" usageType="active"/>
23.          <MiningField name="continent" usageType="active"/>
24.          <MiningField name="sepal_length" usageType="supplementary"/>
25.          <MiningField name="sepal_width" usageType="supplementary"/>
26.          <MiningField name="Class" usageType="target"/>
27.        </MiningSchema>
28.        <Node score="Iris-setosa" recordCount="150">
29.          <True/>
30.          <ScoreDistribution value="Iris-setosa" recordCount="50"/>
31.          <ScoreDistribution value="Iris-versicolor" recordCount="50"/>
32.          <ScoreDistribution value="Iris-virginica" recordCount="50"/>
33.          <Node score="Iris-setosa" recordCount="50">
34.            <SimplePredicate field="petal_length" operator="lessThan" value="2.45"/>
35.            <ScoreDistribution value="Iris-setosa" recordCount="50"/>
```

```xml
36.            <ScoreDistribution value="Iris-versicolor" recordCount="0"/>
37.            <ScoreDistribution value="Iris-virginica" recordCount="0"/>
38.          </Node>
39.          <Node score="Iris-versicolor" recordCount="100">
40.            <SimplePredicate field="petal_length" operator="greaterThan" value="2.45"/>
41.            <ScoreDistribution value="Iris-setosa" recordCount="0"/>
42.            <ScoreDistribution value="Iris-versicolor" recordCount="50"/>
43.            <ScoreDistribution value="Iris-virginica" recordCount="50"/>
44.            <Node score="Iris-versicolor" recordCount="54">
45.              <SimplePredicate field="petal_width" operator="lessThan" value="1.75"/>
46.              <ScoreDistribution value="Iris-setosa" recordCount="0"/>
47.              <ScoreDistribution value="Iris-versicolor" recordCount="49"/>
48.              <ScoreDistribution value="Iris-virginica" recordCount="5"/>
49.            </Node>
50.            <Node score="Iris-virginica" recordCount="46">
51.              <SimplePredicate field="petal_width" operator="greaterThan" value="1.75"/>
52.              <ScoreDistribution value="Iris-setosa" recordCount="0"/>
53.              <ScoreDistribution value="Iris-versicolor" recordCount="1"/>
54.              <ScoreDistribution value="Iris-virginica" recordCount="45"/>
55.            </Node>
56.          </Node>
57.        </Node>
58.      </TreeModel>
59.    </Segment>
60.    <Segment id="2">
61.      <CompoundPredicate booleanOperator="and">
62.        <SimplePredicate field="continent" operator="equal" value="africa"/>
63.        <SimplePredicate field="day" operator="lessThan" value="60.0"/>
64.        <SimplePredicate field="day" operator="greaterThan" value="0.0"/>
65.      </CompoundPredicate>
66.      <TreeModel modelName="Iris" functionName="classification" splitCharacteristic="binarySplit">
67.        <MiningSchema>
68.          <MiningField name="petal_length" usageType="active"/>
69.          <MiningField name="petal_width" usageType="active"/>
70.          <MiningField name="day" usageType="active"/>
```

```xml
71.         <MiningField name="continent" usageType="active"/>
72.         <MiningField name="sepal_length" usageType="supplementary"/>
73.         <MiningField name="sepal_width" usageType="supplementary"/>
74.         <MiningField name="Class" usageType="target"/>
75.       </MiningSchema>
76.       <Node score="Iris-setosa" recordCount="150">
77.         <True/>
78.         <ScoreDistribution value="Iris-setosa" recordCount="50"/>
79.         <ScoreDistribution value="Iris-versicolor" recordCount="50"/>
80.         <ScoreDistribution value="Iris-virginica" recordCount="50"/>
81.         <Node score="Iris-setosa" recordCount="50">
82.           <SimplePredicate field="petal_length" operator="lessThan" value="2.15"/>
83.           <ScoreDistribution value="Iris-setosa" recordCount="50"/>
84.           <ScoreDistribution value="Iris-versicolor" recordCount="0"/>
85.           <ScoreDistribution value="Iris-virginica" recordCount="0"/>
86.         </Node>
87.         <Node score="Iris-versicolor" recordCount="100">
88.           <SimplePredicate field="petal_length" operator="greaterThan" value="2.15"/>
89.           <ScoreDistribution value="Iris-setosa" recordCount="0"/>
90.           <ScoreDistribution value="Iris-versicolor" recordCount="50"/>
91.           <ScoreDistribution value="Iris-virginica" recordCount="50"/>
92.           <Node score="Iris-versicolor" recordCount="54">
93.             <SimplePredicate field="petal_width" operator="lessThan" value="1.93"/>
94.             <ScoreDistribution value="Iris-setosa" recordCount="0"/>
95.             <ScoreDistribution value="Iris-versicolor" recordCount="49"/>
96.             <ScoreDistribution value="Iris-virginica" recordCount="5"/>
97.           </Node>
98.           <Node score="Iris-virginica" recordCount="46">
99.             <SimplePredicate field="petal_width" operator="greaterThan" value="1.93"/>
100.            <ScoreDistribution value="Iris-setosa" recordCount="0"/>
101.            <ScoreDistribution value="Iris-versicolor" recordCount="1"/>
102.            <ScoreDistribution value="Iris-virginica" recordCount="45"/>
103.          </Node>
104.        </Node>
105.      </Node>
106.    </TreeModel>
```

```
107.      </Segment>
108.      <Segment id="3">
109.        <SimplePredicate field="continent" operator="equal" value="africa"/>
110.        <TreeModel modelName="Iris" functionName="classification" splitCharacteristic="binarySplit">
111.          <MiningSchema>
112.            <MiningField name="petal_length" usageType="active"/>
113.            <MiningField name="petal_width" usageType="active"/>
114.            <MiningField name="day" usageType="active"/>
115.            <MiningField name="continent" usageType="active"/>
116.            <MiningField name="sepal_length" usageType="supplementary"/>
117.            <MiningField name="sepal_width" usageType="supplementary"/>
118.            <MiningField name="Class" usageType="target"/>
119.          </MiningSchema>
120.          <Node score="Iris-setosa" recordCount="150">
121.            <True/>
122.            <ScoreDistribution value="Iris-setosa" recordCount="50"/>
123.            <ScoreDistribution value="Iris-versicolor" recordCount="50"/>
124.            <ScoreDistribution value="Iris-virginica" recordCount="50"/>
125.            <Node score="Iris-setosa" recordCount="50">
126.              <SimplePredicate field="petal_width" operator="lessThan" value="2.85"/>
127.              <ScoreDistribution value="Iris-setosa" recordCount="50"/>
128.              <ScoreDistribution value="Iris-versicolor" recordCount="0"/>
129.              <ScoreDistribution value="Iris-virginica" recordCount="0"/>
130.            </Node>
131.            <Node score="Iris-versicolor" recordCount="100">
132.              <SimplePredicate field="petal_width" operator="greaterThan" value="2.85"/>
133.              <ScoreDistribution value="Iris-setosa" recordCount="0"/>
134.              <ScoreDistribution value="Iris-versicolor" recordCount="50"/>
135.              <ScoreDistribution value="Iris-virginica" recordCount="50"/>
136.            </Node>
137.          </Node>
138.        </TreeModel>
139.      </Segment>
140.    </Segmentation>
141.</MiningModel>
```

例子4：这个例子演示了回归预测聚合模型的实现，其结果通过首个模型链法（modelChain）实现。

```
1. <MiningModel functionName="regression">
2.   <MiningSchema>
3.     <MiningField name="petal_length" usageType="active"/>
4.     <MiningField name="petal_width" usageType="active"/>
5.     <MiningField name="temperature" usageType="active"/>
6.     <MiningField name="cloudiness" usageType="active"/>
7.     <MiningField name="sepal_length" usageType="supplementary"/>
8.     <MiningField name="sepal_width" usageType="supplementary"/>
9.     <MiningField name="Class" usageType="target"/>
10.    <MiningField name="PollenIndex" usageType="target"/>
11.  </MiningSchema>
12.  <Segmentation multipleModelMethod="modelChain">
13.    <Segment id="1">
14.      <True/>
15.      <TreeModel modelName="Iris" functionName="classification" splitCharacteristic="binarySplit">
16.        <MiningSchema>
17.          <MiningField name="petal_length" usageType="active"/>
18.          <MiningField name="petal_width" usageType="active"/>
19.          <MiningField name="Class" usageType="target"/>
20.        </MiningSchema>
21.        <Output>
22.          <OutputField dataType="string" feature="predictedValue" name="PredictedClass" optype="categorical"/>
23.          <OutputField dataType="double" feature="probability" name="Probability_setosa" optype="continuous" value="Iris-setosa"/>
24.          <OutputField dataType="double" feature="probability" name="Probability_versicolor" optype="continuous" value="Iris-versicolor"/>
25.          <OutputField dataType="double" feature="probability" name="Probability_virginica" optype="continuous" value="Iris-virginica"/>
26.        </Output>
27.        <Node score="Iris-setosa" recordCount="150">
28.          <True/>
29.          <ScoreDistribution value="Iris-setosa" recordCount="50"/>
30.          <ScoreDistribution value="Iris-versicolor" recordCount="50"/>
31.          <ScoreDistribution value="Iris-virginica" recordCount="50"/>
32.          <Node score="Iris-setosa" recordCount="50">
33.            <SimplePredicate field="petal_length" operator="lessThan" value="2.45"/>
```

```
34.            <ScoreDistribution value="Iris-setosa" recordCount="50"/>
35.            <ScoreDistribution value="Iris-versicolor" recordCount="0"/>
36.            <ScoreDistribution value="Iris-virginica" recordCount="0"/>
37.          </Node>
38.          <Node score="Iris-versicolor" recordCount="100">
39.            <SimplePredicate field="petal_length" operator="greaterThan" value="2.45"/>
40.            <ScoreDistribution value="Iris-setosa" recordCount="0"/>
41.            <ScoreDistribution value="Iris-versicolor" recordCount="50"/>
42.            <ScoreDistribution value="Iris-virginica" recordCount="50"/>
43.            <Node score="Iris-versicolor" recordCount="54">
44.              <SimplePredicate field="petal_width" operator="lessThan" value="1.75"/>
45.              <ScoreDistribution value="Iris-setosa" recordCount="0"/>
46.              <ScoreDistribution value="Iris-versicolor" recordCount="49"/>
47.              <ScoreDistribution value="Iris-virginica" recordCount="5"/>
48.            </Node>
49.            <Node score="Iris-virginica" recordCount="46">
50.              <SimplePredicate field="petal_width" operator="greaterThan" value="1.75"/>
51.              <ScoreDistribution value="Iris-setosa" recordCount="0"/>
52.              <ScoreDistribution value="Iris-versicolor" recordCount="1"/>
53.              <ScoreDistribution value="Iris-virginica" recordCount="45"/>
54.            </Node>
55.          </Node>
56.        </Node>
57.      </TreeModel>
58.    </Segment>
59.    <Segment id="2">
60.      <True/>
61.      <RegressionModel modelName="PollenIndex" functionName="regression">
62.        <MiningSchema>
63.          <MiningField name="Probability_setosa" usageType="active"/>
64.          <MiningField name="Probability_versicolor" usageType="active"/>
65.          <MiningField name="Probability_virginica" usageType="active"/>
66.          <MiningField name="temperature" usageType="active"/>
67.          <MiningField name="cloudiness" usageType="active"/>
68.          <MiningField name="PollenIndex" usageType="target"/>
69.        </MiningSchema>
70.        <Output>
71.          <OutputField dataType="double" feature="predictedValue" name="Pollen Index" optype="continuous"/>
```

```
72.            </Output>
73.            <RegressionTable intercept="0.3">
74.                <NumericPredictor coefficient="0.8" exponent="1" name="Probability_setosa"/>
75.                <NumericPredictor coefficient="0.7" exponent="1" name="Probability_versicolor"/>
76.                <NumericPredictor coefficient="0.9" exponent="1" name="Probability_virginica"/>
77.                <NumericPredictor coefficient="0.02" exponent="1" name="temperature"/>
78.                <NumericPredictor coefficient="-0.1" exponent="1" name="cloudiness"/>
79.            </RegressionTable>
80.        </RegressionModel>
81.      </Segment>
82.    </Segmentation>
83.</MiningModel>
```

例子5：这个例子演示了一个回归聚合模型元素中嵌套回归聚合模型元素的例子。

```
1.<MiningModel functionName="regression">
2.    <MiningSchema>
3.      <MiningField name="petal_length" usageType="active"/>
4.      <MiningField name="petal_width" usageType="active"/>
5.      <MiningField name="temperature" usageType="active"/>
6.      <MiningField name="cloudiness" usageType="active"/>
7.      <MiningField name="sepal_length" usageType="supplementary"/>
8.      <MiningField name="sepal_width" usageType="supplementary"/>
9.      <MiningField name="Class" usageType="target"/>
10.     <MiningField name="PollenIndex" usageType="target"/>
11.   </MiningSchema>
12.   <Segmentation multipleModelMethod="modelChain">
13.     <Segment id="1">
14.       <True/>
15.       <TreeModel modelName="Iris" functionName="classification" splitCharacteristic="binarySplit">
16.         <MiningSchema>
17.           <MiningField name="petal_length" usageType="active"/>
18.           <MiningField name="petal_width" usageType="active"/>
19.           <MiningField name="Class" usageType="target"/>
20.         </MiningSchema>
21.         <Output>
22.           <OutputField dataType="string" feature="predictedValue" name="PredictedClass" optype="categorical"/>
```

```
23.        </Output>
24.        <Node score="Iris-setosa" recordCount="150">
25.          <True/>
26.          <ScoreDistribution value="Iris-setosa" recordCount="50"/>
27.          <ScoreDistribution value="Iris-versicolor" recordCount="50"/>
28.          <ScoreDistribution value="Iris-virginica" recordCount="50"/>
29.          <Node score="Iris-setosa" recordCount="50">
30.            <SimplePredicate field="petal_length" operator="lessThan" value="2.45"/>
31.            <ScoreDistribution value="Iris-setosa" recordCount="50"/>
32.            <ScoreDistribution value="Iris-versicolor" recordCount="0"/>
33.            <ScoreDistribution value="Iris-virginica" recordCount="0"/>
34.          </Node>
35.          <Node score="Iris-versicolor" recordCount="100">
36.            <SimplePredicate field="petal_length" operator="greaterThan" value="2.45"/>
37.            <ScoreDistribution value="Iris-setosa" recordCount="0"/>
38.            <ScoreDistribution value="Iris-versicolor" recordCount="50"/>
39.            <ScoreDistribution value="Iris-virginica" recordCount="50"/>
40.            <Node score="Iris-versicolor" recordCount="54">
41.              <SimplePredicate field="petal_width" operator="lessThan" value="1.75"/>
42.              <ScoreDistribution value="Iris-setosa" recordCount="0"/>
43.              <ScoreDistribution value="Iris-versicolor" recordCount="49"/>
44.              <ScoreDistribution value="Iris-virginica" recordCount="5"/>
45.            </Node>
46.            <Node score="Iris-virginica" recordCount="46">
47.              <SimplePredicate field="petal_width" operator="greaterThan" value="1.75"/>
48.              <ScoreDistribution value="Iris-setosa" recordCount="0"/>
49.              <ScoreDistribution value="Iris-versicolor" recordCount="1"/>
50.              <ScoreDistribution value="Iris-virginica" recordCount="45"/>
51.            </Node>
52.          </Node>
53.        </Node>
54.      </TreeModel>
55.    </Segment>
56.    <Segment id="2">
57.      <True/>
58.      <MiningModel modelName="PollenIndex" functionName="regression">
```

```xml
59.    <MiningSchema>
60.        <MiningField name="temperature" usageType="active"/>
61.        <MiningField name="cloudiness" usageType="active"/>
62.        <MiningField name="PredictedClass" usageType="active"/>
63.        <MiningField name="PollenIndex" usageType="target"/>
64.    </MiningSchema>
65.    <Output>
66.        <OutputField dataType="double" feature="predictedValue" name="Pollen Index" optype="continuous"/>
67.    </Output>
68.    <Segmentation multipleModelMethod="selectFirst">
69.        <Segment id="2.1">
70.            <SimplePredicate field="PredictedClass" operator="equal" value="Iris-setosa"/>
71.            <RegressionModel modelName="Setosa_PollenIndex" functionName="regression">
72.                <MiningSchema>
73.                    <MiningField name="temperature" usageType="active"/>
74.                    <MiningField name="cloudiness" usageType="active"/>
75.                    <MiningField name="PollenIndex" usageType="target"/>
76.                </MiningSchema>
77.                <Output>
78.                    <OutputField dataType="double" feature="predictedValue" name="Setosa Pollen Index" optype="continuous"/>
79.                </Output>
80.                <RegressionTable intercept="0.3">
81.                    <NumericPredictor coefficient="0.02" exponent="1" name="temperature"/>
82.                    <NumericPredictor coefficient="-0.1" exponent="1" name="cloudiness"/>
83.                </RegressionTable>
84.            </RegressionModel>
85.        </Segment>
86.        <Segment id="2.2">
87.            <SimplePredicate field="PredictedClass" operator="equal" value="Iris-versicolor"/>
88.            <RegressionModel modelName="Versicolor_PollenIndex" functionName="regression">
89.                <MiningSchema>
90.                    <MiningField name="temperature" usageType="active"/>
91.                    <MiningField name="cloudiness" usageType="active"/>
```

```xml
92.            <MiningField name="PollenIndex" usageType="target"/>
93.          </MiningSchema>
94.          <Output>
95.            <OutputField dataType="double" feature="predictedValue" name="Versicolor Pollen Index" optype="continuous"/>
96.          </Output>
97.          <RegressionTable intercept="0.2">
98.            <NumericPredictor coefficient="-0.02" exponent="1" name="temperature"/>
99.            <NumericPredictor coefficient="0.1" exponent="1" name="cloudiness"/>
100.          </RegressionTable>
101.        </RegressionModel>
102.      </Segment>
103.      <Segment id="2.3">
104.        <SimplePredicate field="PredictedClass" operator="equal" value="Iris-virginica"/>
105.        <RegressionModel modelName="Virginica_PollenIndex" functionName="regression">
106.          <MiningSchema>
107.            <MiningField name="temperature" usageType="active"/>
108.            <MiningField name="cloudiness" usageType="active"/>
109.            <MiningField name="PollenIndex" usageType="target"/>
110.          </MiningSchema>
111.          <Output>
112.            <OutputField dataType="double" feature="predictedValue" name="Virginica Pollen Index" optype="continuous"/>
113.          </Output>
114.          <RegressionTable intercept="0.1">
115.            <NumericPredictor coefficient="0.01" exponent="1" name="temperature"/>
116.            <NumericPredictor coefficient="-0.2" exponent="1" name="cloudiness"/>
117.          </RegressionTable>
118.        </RegressionModel>
119.      </Segment>
120.    </Segmentation>
121.  </MiningModel>
122. </Segment>
123. </Segmentation>
124.</MiningModel>
```

例子6：这个例子演示一个效率更高的实现模型聚合的方式。在这个例子中，通过一个决策树模型选择了一个回归模型。

```
1.<MiningModel functionName="regression">
2.  <MiningSchema>
3.    <MiningField name="petal_length" usageType="active"/>
4.    <MiningField name="petal_width" usageType="active"/>
5.    <MiningField name="temperature" usageType="active"/>
6.    <MiningField name="cloudiness" usageType="active"/>
7.    <MiningField name="sepal_length" usageType="supplementary"/>
8.    <MiningField name="sepal_width" usageType="supplementary"/>
9.    <MiningField name="PollenIndex" usageType="target"/>
10.   </MiningSchema>
11.   <Segmentation multipleModelMethod="modelChain">
12.     <Segment id="1">
13.       <True/>
14.       <TreeModel modelName="Iris" functionName="classification" splitCharacteristic="binarySplit">
15.         <MiningSchema>
16.           <MiningField name="petal_length" usageType="active"/>
17.           <MiningField name="petal_width" usageType="active"/>
18.         </MiningSchema>
19.         <Output>
20.           <OutputField dataType="string" feature="predictedValue" name="PredictedClass" optype="categorical"/>
21.         </Output>
22.         <Node score="Iris-setosa" recordCount="150">
23.           <True/>
24.           <ScoreDistribution value="Iris-setosa" recordCount="50"/>
25.           <ScoreDistribution value="Iris-versicolor" recordCount="50"/>
26.           <ScoreDistribution value="Iris-virginica" recordCount="50"/>
27.           <Node score="Iris-setosa" recordCount="50">
28.             <SimplePredicate field="petal_length" operator="lessThan" value="2.45"/>
29.             <ScoreDistribution value="Iris-setosa" recordCount="50"/>
30.             <ScoreDistribution value="Iris-versicolor" recordCount="0"/>
31.             <ScoreDistribution value="Iris-virginica" recordCount="0"/>
32.           </Node>
33.           <Node score="Iris-versicolor" recordCount="100">
34.             <SimplePredicate field="petal_length" operator="greaterThan" value="2.45"/>
35.             <ScoreDistribution value="Iris-setosa" recordCount="0"/>
```

```xml
36.            <ScoreDistribution value="Iris-versicolor" recordCount="50"/>
37.            <ScoreDistribution value="Iris-virginica" recordCount="50"/>
38.         <Node score="Iris-versicolor" recordCount="54">
39.            <SimplePredicate field="petal_width" operator="lessThan" value="1.75"/>
40.            <ScoreDistribution value="Iris-setosa" recordCount="0"/>
41.            <ScoreDistribution value="Iris-versicolor" recordCount="49"/>
42.            <ScoreDistribution value="Iris-virginica" recordCount="5"/>
43.         </Node>
44.         <Node score="Iris-virginica" recordCount="46">
45.            <SimplePredicate field="petal_width" operator="greaterThan" value="1.75"/>
46.            <ScoreDistribution value="Iris-setosa" recordCount="0"/>
47.            <ScoreDistribution value="Iris-versicolor" recordCount="1"/>
48.            <ScoreDistribution value="Iris-virginica" recordCount="45"/>
49.         </Node>
50.         </Node>
51.      </Node>
52.    </TreeModel>
53.  </Segment>
54.  <Segment id="2.1">
55.    <SimplePredicate field="PredictedClass" operator="equal" value="Iris-setosa"/>
56.    <RegressionModel modelName="Setosa_PollenIndex" functionName="regression">
57.      <MiningSchema>
58.         <MiningField name="temperature" usageType="active"/>
59.         <MiningField name="cloudiness" usageType="active"/>
60.         <MiningField name="PollenIndex" usageType="target"/>
61.      </MiningSchema>
62.      <Output>
63.         <OutputField dataType="double" feature="predictedValue" name="Setosa Pollen Index" optype="continuous"/>
64.      </Output>
65.      <RegressionTable intercept="0.3">
66.         <NumericPredictor coefficient="0.02" exponent="1" name="temperature"/>
67.         <NumericPredictor coefficient="-0.1" exponent="1" name="cloudiness"/>
68.      </RegressionTable>
69.    </RegressionModel>
70.  </Segment>
71.  <Segment id="2.2">
72.    <SimplePredicate field="PredictedClass" operator="equal" value="Iris-versicolor"/>
73.    <RegressionModel modelName="Versicolor_PollenIndex" functionName="regression">
```

```xml
74.        <MiningSchema>
75.            <MiningField name="temperature" usageType="active"/>
76.            <MiningField name="cloudiness" usageType="active"/>
77.            <MiningField name="PollenIndex" usageType="target"/>
78.        </MiningSchema>
79.        <Output>
80.            <OutputField dataType="double" feature="predictedValue" name="Versicolor Pollen Index" optype="continuous"/>
81.        </Output>
82.        <RegressionTable intercept="0.2">
83.            <NumericPredictor coefficient="-0.02" exponent="1" name="temperature"/>
84.            <NumericPredictor coefficient="0.1" exponent="1" name="cloudiness"/>
85.        </RegressionTable>
86.        </RegressionModel>
87.     </Segment>
88.     <Segment id="2.3">
89.        <SimplePredicate field="PredictedClass" operator="equal" value="Iris-virginica"/>
90.        <RegressionModel modelName="Virginica_PollenIndex" functionName="regression">
91.        <MiningSchema>
92.            <MiningField name="temperature" usageType="active"/>
93.            <MiningField name="cloudiness" usageType="active"/>
94.            <MiningField name="PollenIndex" usageType="target"/>
95.        </MiningSchema>
96.        <Output>
97.            <OutputField dataType="double" feature="predictedValue" name="Virginica Pollen Index" optype="continuous"/>
98.        </Output>
99.        <RegressionTable intercept="0.1">
100.           <NumericPredictor coefficient="0.01" exponent="1" name="temperature"/>
101.           <NumericPredictor coefficient="-0.2" exponent="1" name="cloudiness"/>
102.       </RegressionTable>
103.       </RegressionModel>
104.    </Segment>
105.    </Segmentation>
106.</MiningModel>
```

附录

PMML 4.3规范支持的挖掘模型

序号	支持的模型	模型说明
1	AssociationModel	关联规则模型
2	NaiveBayesModel	朴素贝叶斯模型
3	BayesianNetworkModel	贝叶斯网络模型
4	BaselineModel	基线模型
5	ClusteringModel	聚类模型
6	GeneralRegressionModel	通用回归模型
7	RegressionModel	回归模型
8	GaussianProcessModel	高斯过程模型
9	NearestNeighborModel	最近邻模型
10	NeuralNetwork	神经网络模型
11	TreeModel	决策树模型
12	RuleSetModel	规则集模型
13	SequenceModel	序列模型
14	Scorecard	评分卡模型
15	SupportVectorMachineModel	支持向量机模型
16	TextModel	文本模型（已过时，不再推荐）
17	TimeSeriesModel	时间序列模型
18	MiningModel	聚合模型（模型组合）

后记

数据挖掘与机器学习：
PMML 建模（下）

首先说明一下，除了本书及本书上集讲解的各种模型外，在PMML V4.3规范中还有一个文本模型TextModel，但是从PMML V4.2开始，文本模型TextModel已经过时，它的功能已经完全可以通过元素TextIndex的功能来实现。所以，在PMML V4.3中已经不再对文本模型TextModel进行更新了，并且也不再推荐使用。所以本书内容忽略了这个文本模型TextModel。

关于元素TextIndex的详细内容，请读者参阅笔者的另一本书《PMML建模标准语言基础》，这里不再赘述。

PMML语言是对XML（Extensible Markup Language，可扩展标记语言）的扩展，是XML语言在数据挖掘（机器学习）领域的应用。一个完整、有效的PMML实例文档包括数据词典、挖掘模式/架构、数据转换、模型定义、输出、目标、模型解释、模型验证等元素，这些元素的声明和使用规定了模型创建者和模型使用者所必须遵守的一致性规范，例如模型创建者通过何种方式生成何种分析模型，模型使用者通过何种方式使用何种分析模型等等。一个符合PMML语言一致性规范的模型文档可以确保模型的输出在语法上是正确的，使所输出的模型符合PMML标准中定义的语义标准，并且可以确保模型使用者能够正确地部署和应用模型。

在PMML V4.3版本中，PMML规范包括了关联规则模型AssociationModel、朴素贝叶斯模型NaiveBayesModel、通用回归模型GeneralRegressionModel、支持向量机模型SupportVectorMachineModel等18种模型。作者在本系列图书中详细地描述了每一种模型的基础知识和算法以及在PMML规范中的表达方式，并辅以实用的案例，说明如何使用模型进行评分应用。通过阅读学习，读者学到的不仅仅是PMML规范本身，更多的是能够较为全面地理解各种模型的原理、模型的表达和使用的整个流程，使自己能够在大数据及人工智能领域登堂入室。

由于PMML规范的独立性和开放性，PMML已经成为分析预测模型表达的事实上的标准。几乎所有的商用数据挖掘公司都支持PMML语言，PMML已经被广泛地应用在开源的挖掘系统中。PMML语言不仅可以表示挖掘模型，还可用于数据转换，在不同挖掘平台和应用之间架起一座桥梁，实现异构系统间的模型共享，最大程度地发挥预测分析和数据挖掘的威力。

PMML语言必将成为大数据及人工智能领域开发者和使用者的必修语言。